小学生
食品营养与安全探究

李安 平华 戴莹 栾云霞 潘立刚 编著

U0272241

中国农业科学技术出版社

图书在版编目（CIP）数据

小学生食品营养与安全探究 / 李安等编著 . — 北京：
中国农业科学技术出版社，2019.1
ISBN 978-7-5116-3978-3

Ⅰ.①小… Ⅱ.①李… Ⅲ.①小学生－食品营养②小
学生－食品安全 Ⅳ.① R151.3 ② TS201.6

中国版本图书馆 CIP 数据核字（2018）第 280502 号

责任编辑　穆玉红
责任校对　马广洋

出 版 者　中国农业科学技术出版社
　　　　　北京市中关村南大街 12 号　邮编：100081
电　　话　（010）82109707 82106626（编辑室）（010）82109702（发行部）
　　　　　（010）82109709（读者服务部）
传　　真　（010）82106626
网　　址　http://www.castp.cn
发　　行　各地新华书店
印 刷 者　北京富泰印刷有限责任公司
开　　本　710 mm×1 000 mm　1 /16
印　　张　6.5
字　　数　160 千字
版　　次　2019 年 1 月第 1 版　2019 年 1 月第 1 次印刷
定　　价　39.00 元

前　言

　　青少年是国家和民族的未来，他们的健康成长至关重要。食品营养与安全不仅关系着青少年自身的健康与成长，也影响着全民健康和社会稳定。从娃娃抓起，把食品安全理念和技术向青少年普及是近年来党和政府积极倡导和大力推进的重点工作，也是社会各界的共识。

　　尽管今天世界上多数地区的人们不再担心粮食饥荒和营养不良了，但是营养过剩、营养失衡和食品安全等问题越来越严重地困扰着家长们，乃至全社会。大力开展专门针对青少年食品营养与安全的教育和宣传，普及食品营养与安全知识，提倡膳食平衡，提高青少年及家长选择食品、辨别食品质量的能力，营造食品安全社会舆论氛围，既是当务之急，也是构建和谐社会的长远之计。

　　本书作者根据担任小学生科学课两个学年的教案，结合当代科学研究成果，从"走进实验室"入手，通过讲授、示范、实验、图例、报告等多种写作方式，主要介绍食品营养与健康、食品安全与健康、食品检测小实验等知识和技能，逐步引导学生向着"小科学家之路"迈进，并尽力使本书既能作为小学生科学课的教材，又兼顾引导学生和家长正确认识食品营养与安全，建立科学的消费观。

本书编写过程中得到了北京农业质量标准与检测技术研究中心和北京市海淀区教育委员会有关专家和领导的帮助和指导，部分资料引自于相关报刊、杂志、网站以及专家的论点，在此致以衷心的感谢！

由于作者水平有限，书中难免有遗漏甚至错误之处，敬请读者批评指正。

目　录

第一章

▊▊▊ 走进实验室

　　对于小学生而言，实验室是一个既神秘又令人向往的地方。欧洲工业革命以来崛起的现代科学技术，都是以实验科学为基础和依据的。什么是实验科学呢？就是先提出一个假说，然后用科学实验得出的结果或结论来证明这个假说是成立的。一些科学实验可以在田间、野外甚至太空中进行，但是多数科学实验都是在实验室中进行的。可见，实验室对于科学技术的发展有多么重要。首先，实验室除了能给各类实验活动提供场地外，还能提供稳定、理想的环境条件，以及水电气等基础条件，比如，恒温条件、无菌条件、氧气等。其次，实验室能够提供通用的和专用的仪器、器材和设备，比如，光谱分析仪器、核磁共振仪、纯净水设备等等。最后，有些实验室还能建在火车、汽车、飞机甚至太空舱上，被称为移动实验室，同样具有普通实验室的功能。

　　因为实验室是一个专业的场所，又装备了上述仪器设备和器材，所以，第一次进入实验室的同学们，应该了解并掌握一些关于实验室安全、常用仪器设备和试剂的知识和技能，以便更好地开展实验。

第一节　实验室安全常识

一、学一学

科学实验是培养小学生们观察能力、思维能力、动手能力和探索能力的重要教学途径，引导他们从小学科学、爱科学、用科学的基础环节。

在实验中需要使用各种各样的实验器材，要接触电器，或酸、碱等危险化学物品，可能存在一定的不安全性。如果操作不规范，就有可能发生事故，导致电击伤、化学品的灼伤、烫伤等事故，甚至引发火灾、水灾。因此，实验室的安全关系到小学生的人身安全以及实验室的财产安全，在整个科学实验教学中占有非常重要的地位。为避免意外和事故发生，小学生在进入实验室进行实验之前需要学习并了解基本的实验室安全常识。在做实验的时候，一定要把安全放在首位，防范事故的发生。树立安全意识，能识别危险提示标志、化学品安全使用标志，初步形成良好的实验工作习惯。

1. 防毒

实验前，应了解所用药品的毒性及防护措施。实验室内有很多化学试剂，尤其是有机试剂很多具有毒性甚至剧毒，必要时需佩戴防毒面具。禁止在实验室内吃东西、喝水，也不要把食物、饮料等带进实验室，防止被

有毒物质

腐蚀性物质

毒物污染。离开实验室及饭前要洗净双手。

2. 防爆

可燃气体，与空气混合，当两者比例达到爆炸极限时，受到电火花等热源的诱发，就会引起爆炸。因此，在使用氢气等可燃性气体时，要防止气体逸出，室内通风要良好；操作大量可燃性气体时，严禁同时使用明火，还要防止发生电火花及其他撞击火花。

易燃物

3. 防火

许多有机溶剂如乙醚、乙醇等非常容易燃烧，大量使用时，室内不能有明火、电火花或静电放电。实验室内不宜存放过多这类药品，用完以后还要及时回收处理，不应直接倒入下水道，以免聚集引起火灾。有些物质如磷，金属钠、钾等，在空气中易氧化自燃。这些物质要隔绝空气保存，使用时要特别小心。

实验室如果着火不要惊慌失措，应根据情况进行灭火。常用的灭火剂有水、沙土、液态二氧化碳灭火器、干粉灭火器、四氯化碳灭火器和泡沫灭火器等。不同的火险需要采用不同的灭火方式。

水只能够扑灭燃烧木材、布料、纸张等普通火种，不能用于扑灭电火、化学火、燃烧于可燃金属的火以及燃烧于含油液体的火；如果遇到金属钠、镁等活泼金属着火时，则只能用沙土灭火；油制品、油脂等火灾可选用泡沫灭火器；液态二氧化碳灭火器具有不含水分、不导电、不损害物质、不留污迹等特点，很适于扑灭电器、精密仪器、图书馆、档案馆等的火灾；干粉灭火器适宜扑灭油类、可燃气体、电器设备等初期火灾。纸张、易燃有机物等普通物质着火时，也可用泡沫灭火器或干粉灭火器灭火，但用电设备着火时，则只能用二氧化碳或四氯化碳灭火器，不能用泡沫灭火器，泡沫灭火器易触电，而二氧化碳和四氯化碳灭火器是产生气体、隔绝空气，可以扑灭电器着火；很精密或贵重的仪器着火，宜选用二氧化碳灭火器，因为它灭火不会留下痕迹，不会对设备造成损害。四氯化碳灭火器会喷出沉重的四氯化碳惰性蒸汽，可以起到隔绝空气的作用，可以用于扑灭电器的着火，但是不宜扑灭高温的着火，因为在高温下，四氯化碳会与空气中的氧气作用产生剧毒的光气（$COCl_2$）。请记住火警电话：119，遇到火灾时要首先拨打这个电话！

4. 安全用电

违章用电可能造成人身伤亡、火灾、损坏仪器设备等严重事故。实验室中电器较多，特别要注意安全用电：不用潮湿的手接触电器；所有电器的金属外壳都应保护接地；电器插头接触不良时，应及时修理或更换；电线起火，立即切断电源，用沙或二氧化碳、四氯化碳灭火器灭火，禁止用水或泡沫灭火器等导电液体灭火。

当心触电

5. 安全用水

水是不可再生的珍贵资源，也是实验过程中不可缺少的物质，在实验室应节约用水，实验室用水尤其是仪器循环水，要及时打开和关闭；用水时要用器皿盛水，避免水淋到电器或化学药品上；经常检查上下水是否畅通。

进入实验室开始工作前应了解气体总阀门、水阀门及电闸所在处。离开实验室时，一定要将室内检查一遍，应将水、电、气的开关关闭，门窗锁好。

二、做一做

绘制一张实验室逃生图

材料：纸、笔

步骤：① 画一个实验室所在楼层的平面图。如果实验室不在一层，建议每一层都画一个平面图。② 在绘制好的平面图上标出所有可能的逃生出口，一定要把所有房门、窗户、楼梯都标注在图上，这样能够让你和同学们对紧急情况下的逃生路线一目了然。同时标注实验室附近的疏散楼梯。③ 尽量为实验室每个房间设计两条不同的逃生路线：第一条路线可以经房门出去，通向阳台、楼梯等安全疏散通道；第二条路线，如果房门被大火和浓烟封堵，可以从窗户出去。做实验前应确保实验室的窗户能自如开启，尤其到新的实验室做实验前，同学们都应首先了解逃生的路线。

三、猜一猜

电器设备着火，应使用哪几种灭火器灭火？请在相应括号中划√。

泡沫灭火器（　　）　　　　　　二氧化碳灭火器（　　）

四氯化碳灭火器（　　）　　　　干粉灭火器（　　）

四、想一想

实验室中遇到着火、溢水等安全问题该如何处理呢？

第二节 通用仪器与器材

"工欲善其事，必先利其器"，实验仪器和设备已经成为各种科学研究过程中不可或缺的物质手段和保障基础。合理、有效地使用实验仪器才能出具准确的实验数据，直接关系到科学研究的成败。了解并掌握通用仪器、器材的操作使用，能更有效地发挥这些仪器设备的作用，增强科学研究的实验设计和检测分析能力，扩宽试验范围。

按照功能特点，通用的仪器与器材可分为如下几种。

1. 称量设备

（1）电子天平。电子天平利用电磁力平衡原理，用于称量物理质量的仪器称之为电子天平。其特点是称量准确可靠、显示快速清晰并且具有自动检测系统、简便的自动校准装置以及超载保护等装置，应用非常广泛。

（2）移液器。移液器又称移液枪，是一种用于定量转移液体的器具，根据实验需要可以选择不同量程的移液枪。与玻璃量器相比具有精度高、功能全、使用方便等特点，在分析实验中具有较好的应用价值。

2. 温、湿度控制调节设备

冰柜、冰箱、恒温水浴箱、培养箱、烘箱、高压灭菌器等。

3. 形态实验仪器

光学显微镜、电子显微镜。

显微镜是精密的光学仪器，可放大微小物体的图像，用于细胞、细菌、精密零件等微观物质的观察。

4. 纯化分离仪器

冷冻离心机、超高速离心机等各种离心机，凝胶层析、离子交换层析等各类层析设备。

离心机的基本原理：离心机通过旋转运动，使物质产生较大的离心力，由于不同颗粒的质量、密度、形状、大小不同，在同样的离心转速下沉降速度也就不同，由此实现对物质的分离、制备、浓缩、提纯。

5. 分析仪器

分析仪器是指用以测定某物质的存在、化学组成、分子结构及某些物理特性的仪器设备，通常会给出定量测定结果，是实验仪器设备中最重要的组成部分。包括分光光度计、色谱仪、质谱仪等。

分光光度计的工作原理都遵从朗伯－比尔（*Lambert-Beer*）定律。当一束平行单色光通过稀的有色溶液时，由于溶液吸收了一部分光线，光线的强度就会减弱。溶液的浓度越大，透过的液层越厚、入射的光线越强，光线被吸收的就越多。如果入射光的强度不变，则光的吸收只与液层厚度、试剂溶液的浓度有关。公式：

$$A=Kcl$$

（*A*– 吸光度　　*K*– 吸光系数　　*c*– 溶液的浓度　　*l*– 液层的厚度）

6. 常用玻璃器材

常用玻璃器材有量筒、烧杯、试管、锥形瓶、移液管、滴定管、烧杯、容量瓶等，玻璃器材具有化学稳定性和热稳定性较好，耐一般酸或碱腐蚀，但易被热或高浓度的碱液腐蚀等特点，不能长时间存放碱液。受热后或使用一定时间膨胀系数会有改变，可能影响容器体积。

烧杯

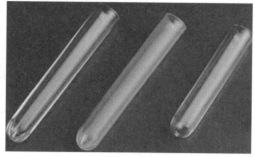
试管

量筒

思考题:

常用的称量仪器或器材有哪些?

第三节　常见试剂与材料

一、学一学

1. 化学试剂的定义与分类

化学试剂是指具有一定纯度标准的各种单质和化合物（也可以是混合物）。常见的化学试剂按状态可以分为固体试剂和液体试剂，按用途可分为通用试剂、专用试剂，按类别可分为无机试剂、有机试剂。下面列举几类常见的化学试剂。

（1）酸：在化学上是指在水溶液中电离时产生的阳离子都是氢离子的化合物，可分为无机酸、有机酸。常见的无机酸有盐酸和硫酸，两者在常温下都是无色透明的液体，盛装盐酸的试剂瓶打开瓶盖后，瓶口会出现白雾，并有刺激性气味，而硫酸则无白雾和刺激性气味，但硫酸具有强腐蚀性和强氧化性，使用时须十分小心。盐酸和硫酸是重要的化工原料，用途十分广泛。乙酸又称为醋酸，为常见的有机酸，是食醋的主要成分，在食品工业中，乙酸可用作酸化剂、增香剂和香料。

（2）碱：在化学上是指在水溶液中电离时产生的阴离子都是氢氧根离子的化合物。常见的碱有氢氧化钠、氢氧化钙、氨水等。氢氧化钠又称为烧碱，常温下为白色固体，具有强烈的腐蚀性，广泛用于肥皂、造纸、印染等行业；氢氧化钙又称为熟石灰，通常为白色粉末，具有一定的腐蚀性，是常用的建筑原料。氨水是无色透明的液体，有强烈的刺激性臭味，氨水在工业和医学上用途广泛。

（3）盐：在化学上是指一类金属离子或铵根离子（NH_4^+）与酸根离子或非金属离子结合的化合物。如氯化钠、硫酸铜、碳酸钙等。氯化钠是食盐的化学成分，常温下为白色晶体，易溶于水，食盐是人类生存最重要的物质之一，也是一种重要的调味料；硫酸铜为白色粉末，溶于水后为蓝色透明溶液，在食品工业中常用作螯合剂和澄清剂，在农业领域与石灰水混合可制成杀菌剂。碳酸钙俗称石灰石，不溶于水，碳酸钙是动物骨骼和外壳的主要成分，碳酸钙可作为人体补钙剂，在食品工业中可作为添加剂。

（4）有机溶剂：指能溶解一些不溶于水的物质（如脂类、橡胶、染料、树脂等）的一类有机化合物。有机溶剂的特点为分子量通常不大，在常温常压下呈液态，且具有较大的挥发性。有机溶剂种类多达数万种，根据化学机构可分为脂肪烃类、芳香烃类、脂环烃类、卤化烃类、醇类、醚类、酯类、酮类等。有机溶剂的用途十分广泛，如作为清洁剂去除油污、作为萃取剂提取化学成分、作为工业原料制备其他物质。

（5）有毒有害物质：是指对人、其他生物或环境带来潜在危害特性的物质。许多化学试剂都属于有毒有害物质，人直接接触后会导致健康受损，因此在科学实验中如果用到有毒有害物质要做好各种安全防护措施，避免人体直接接触，使用过的有毒有害物质也不能随意丢弃，否则会引起他人中毒或者环境污染。常见的有毒有害物质包括重金属（如铅、镉、汞等）、持久性有机物（如多环芳烃、多氯联苯、二噁英等）、生物毒素（如黄曲霉毒素、呕吐毒素等）以及氰化物、氟化物等。

2. 化学试剂的取用

实验室中一般只贮存固体试剂和液体试剂，气体物质都是需用时临时制备。在取用和使用任何化学试剂时，首先要做到"三不"，即不用手拿、不直接闻气味、不尝味道。此外，还应注意试剂瓶塞或瓶盖打开后要倒放桌上，取用试剂后立即还原塞紧。否则会污染试剂，使之变质而不能使用，甚至可能引起意外事故。

（1）固体试剂的取用。末状试剂或粒状试剂一般用药匙取用。药匙有动物角匙，也有塑料药匙，且有大小之分。用量较多且容器口径又大者，可选大号药匙；用量较少或容器口径又小者，可选用小号药匙，并尽量送入容器底部。特别是粉状试剂容易散落，或沾在容器口和壁上。可将其倒在折成的槽形纸条上，再将容器平置，使纸槽沿器壁伸入底部，竖起容器并轻抖纸槽，试剂便落入器底。块状固体用镊子送入容器时，务必先使容器倾斜，使之沿器壁慢慢滑入器底。取多了的试剂不能放回原瓶，也不能丢弃，应放在指定容器中供他人或下次使用。取用试剂的镊子或药匙务必擦拭干净，更不能一匙多用。用后也应擦拭干净，不留残物。

（2）液体试剂的取用。用少量液体试剂时，常使用胶头滴管吸取。用量较多时则采用倾泻法。从细口瓶中将液体倾入容器时，把试剂瓶上贴有标签的一面握在手心，另一手将容器斜持，并使瓶口与容器口相接触，逐渐倾斜试剂瓶，倒出试剂。试剂应该沿着容器壁流入容器，或沿着洁净的玻棒将液体试剂引流入细口或平底容器内。取出所需量后，逐渐竖起试剂瓶，把瓶口剩余的液滴碰入容器中去，以免液滴沿着试剂瓶外壁流下。取多的试剂也不能倒回原瓶，更不能随意废弃。应倒入指定容器内供他人使用。

二、猜一猜

下列哪些物质不是碱？请在相应括号中划√。

食用碱（　）氨水（　）氢氧化钠（　）熟石灰（　）

下列哪种饮品呈碱性？请在相应括号中划√。

可乐（　）雪碧（　）纯净水（　）苏打水（　）

三、做一做

自制酸碱指示剂来区分酸与碱

原理：植物色素在酸性或碱性溶液里呈现不同的颜色，利用植物色素可制成酸碱指示剂。

材料与试剂：紫甘蓝、白醋、肥皂水、食盐水、白酒、纱布

仪器：滴管、烧杯、漏斗

步骤：

（1）将紫甘蓝捣碎后放入烧杯中，加入酒精浸泡并搅拌。

（2）30min后用纱布过滤，将滤液收集于试管中，制成酸碱指示剂。

（3）分别取少量食盐水、白醋和肥皂水与3个试管中，并分别加入数滴滤液，观察各个试管中的颜色变化。

溶液种类	食盐水	白醋	肥皂水
颜色变化			

四、想一想

（1）为什么用醋长时间泡鸡蛋壳，鸡蛋壳会变软，甚至消失？

（2）请列举一些你听过的化学试剂。

第二章

▋▋▋▋ 食品营养与健康

　　每个人都知道食品是维持生命的必需品，也是少年儿童生长发育的重要保障。食品中含有营养物质，或称营养素，能够满足维持生命新陈代谢和生长发育的需要。在粮食短缺的年代，人们普遍认为营养素越丰富对健康越有利。一些蛋白质、脂肪和糖类含量丰富的食品被当作补品或者食疗用品，如鸡蛋、红枣、红糖、奶油等。但是在当今食物丰富的年代，营养过剩，或者叫营养不平衡却成为危害人们健康的祸首。少年儿童正处在长身体的时期，个人自律能力不足，在食物和零食上家长极力满足，甚至以娇惯的态度对待，很多少年儿童都遇到了肥胖或提前发育的问题。所以，少年儿童尽早了解和掌握一些关于营养与健康方面的知识，建立科学对待食品营养的理念十分必要。

第一节　食品营养与健康概述

一、学一学

1.什么是营养

营养是生物学过程，指人体通过摄取、消化、吸收和利用食物中的营养物质以满足机体的生理需要。

2.营养素有哪些

食物中能够为人体所利用的有效成分称为营养素。营养素分碳水化合物、脂质、蛋白质、维生素、矿物质和水六大类，前三类为产热营养素，能为机体提供热量；后三类为非产热营养素。

3.营养素有哪些生理功能

营养素的生理功能主要有三方面：一是供给人体正常生命活动所需的能量；二是提供人体生长所需的材料，用来构成和修复身体的各种组织；三是提供生命调节所需的物质，用来调节机体的各项生理功能。

4.缺乏营养有什么危害

如果一个人缺乏营养或者营养不均衡，则会引发各种疾病。如长期蛋白质摄入不足会导致身体水肿、器官紊乱；缺乏维生素 A 容易引起夜盲症；缺乏维生素 D 和钙容易引起佝偻病；缺乏维生素 C 容易引起牙龈肿胀。但是营养过剩也会引起健康问题，如过量摄入碳水化合物和脂肪则会导致肥胖，进而引发其他相关疾病。因此保持营养膳食均衡，才对人体健康最有益。

5.怎样吃的健康

注重饮食的营养均衡，自古就有人提出。我国最早的医学典籍《黄帝内经·素问》，关于健康膳食搭配是这样描述的：五谷为养、五果为助、五畜为益、五菜为充。由国家卫生和计划生育委员会发布的《中国居民膳食指南（2016）》（下面简称《指南》），提出了符合我国居民营养健康状况和基本需求的膳食指导建议。《指南》针对 2 岁以上的所有健康人群提出 6 条核心推荐，分别是：

（1）食物多样，谷类为主。平衡膳食模式是最大程度上保障人体营养需要和健康的基础，食物多样是平衡膳食模式的基本原则。建议平均每天摄入 12 种以上食物，每周 25 种以上。谷类为主是平衡膳食模式的重要特征，每天摄入谷薯类食物 250~400g。

（2）吃动平衡，健康体重。体重是评价人体营养和健康状况的重要指标，体重过低和过高均易增加疾病的发生风险。推荐每周应至少进行 5 天中等强度身体活动，累计 150min 以上；坚持日常身体活动，平均每天主动身体活动 6 000 步；尽量减少久坐时间，每小时起来动一动，动则有益。

（3）多吃蔬果、奶类、大豆。蔬菜、水果、奶类和大豆及制品是平衡膳食的重要组成部分，坚果是膳食的有益补充。蔬菜和水果是维生素、矿物质、膳食纤维和植物化学物的重要来源，奶类和大豆类富含钙、优质蛋白质和 B 族维生素，对降低慢性病的发病风险具有重要作用。

（4）适量吃鱼、禽、蛋、瘦肉。动物性食物优选鱼和禽类，鱼和禽类脂肪含量相对较低，鱼类含有较多的不饱和脂肪酸；蛋类各种营养成分齐全；吃畜肉应选择瘦肉，瘦肉脂肪含量较低。过多食用烟熏和腌制肉类可增加肿瘤的发生风险，应当少吃。

（5）少盐少油，控糖限酒。我国多数居民目前食盐、烹调油和脂肪摄入过多，这是导致高血压、肥胖和心脑血管疾病等慢性病发病率居高不下的重要因素，因此应当培养清淡饮食习惯，成人每天食盐不超过 6g，每天烹调油 25~30g。过多摄入添加糖可增加龋齿和超重发生的风险，推荐每天摄入糖不超过 50g，最好控制在 25g 以下。儿童少年、孕妇、乳母不应饮酒，成人如饮酒，一天饮酒的酒精量男性不超过 25g，女性不超过 15g。

（6）杜绝浪费，兴新食尚。勤俭节约，珍惜食物，杜绝浪费是中华民族的美德。按需选购食物、按需备餐，提倡分餐不浪费。创造和支持文明饮食新风的社会环境和条件，应该从每个人做起，回家吃饭，享受食物和亲情，传承优良饮食文化，树健康饮食新风。

二、猜一猜

1. 下列哪种食物的蛋白质含量最高（　　）

A 苹果　　　　　　B 大米　　　　　　C 黄豆　　　　　　D 猪肉

2. 下列哪种饮食方法有助于预防肥胖（　　）

A 少吃动物油，多吃植物油　　　　B 饮食注重多样化

C 少吃零食，多吃水果　　　　　　D 以上都可以

三、做一做

怎样的膳食结构才是合理的呢？健康的膳食最讲究营养均衡，膳食中所含的蛋白质、碳水化合物、脂肪、维生素、矿物质、水等营养素要种类齐全、比例适当，总体来说从多到少依次为碳水化合物、蛋白质和脂肪。请动手设计一座五层的膳食宝塔，根据下图提示在每一层中填入相应的食物。

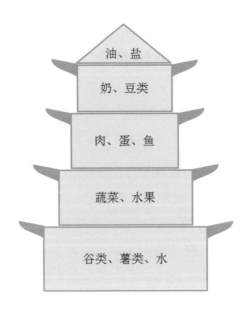

油、盐

奶、豆类

肉、蛋、鱼

蔬菜、水果

谷类、薯类、水

四、想一想

（1）牛奶有哪些营养功能?

（2）你的平时生活中有哪些不良的饮食习惯? 应该如何改正?

第二节　碳水化合物（糖和淀粉）

一、学一学

　　碳水化合物是一切生命体维持生命活动所必需的营养物质，广泛分布于植物中，是自然界中最丰富的一类天然有机化合物。同时也是构成食品的主要成分，主要包括糖、淀粉和纤维素等。单糖有葡萄糖、果糖、半乳糖等；双糖有麦芽糖、蔗糖、乳糖等；多糖有淀粉、纤维素等。葡萄糖和果糖主要存在于水果、蔬菜和血液中；蔗糖主要存在于甘蔗和甜菜中；淀粉主要存在于植物的种子和块茎中；纤维素主要存在于植物的茎、叶和果皮中。中国营养学会根据中国经济现实状况、居民饮食习惯以及膳食与健康调查的相关资料，建议碳水化合物供能占总热能的 55%~65%，脂肪占 20%~30%，蛋白质占 10%~15%。

　　糖类物质虽然很重要，但摄入也不宜过量，常吃甜食和糖果，容易造成龋齿，引起缺钙、肥胖、糖尿病等许多疾病。过量摄入甜食还会使视力下降。因为过量摄人糖会导致眼球巩膜组织的弹性降低，很容易引起近视。

二、猜一猜

1. 下面哪种水果含糖量高？请在相应括号内划√。

　1. 西瓜（　　）　　　2. 火龙果（　　）　　　3. 柑橘（　　）

　4. 葡萄（　　）　　　5. 京白梨（　　）

2. 下面哪种食物含有淀粉？请在相应括号内划√。

　1. 马铃薯（　　）　2. 红薯（　　）　　　3. 苹果（　　）

　4. 山药（　　）　　　5. 胡萝卜（　　）

三、做一做

实验名称：如何测定食物的糖度和淀粉

实验目的：掌握糖度和淀粉的测定方法

实验原理：糖度计主要利用光线从一种介质进入另一种介质时会产生折射现象，且入射角正弦之比恒为定值，此比值称为折光率。利用糖溶液中可溶性物质含量与折光率在普通环境下成正比例，可以测定出糖溶液的折光率，这样糖度计 / 折射仪就计算出糖的浓度。

淀粉可以与碘试剂发生反应而变蓝。

实验材料与器具：蒸馏水、西瓜、火龙果、柑橘、葡萄、京白梨、糖度计、烧杯、滴管、卷纸、取样刀等；马铃薯、红薯、苹果、山药、胡萝卜、烧杯等

实验步骤：

糖度的测定：

（1）按"START"键，打开糖度仪。

（2）将蒸馏水滴入棱镜表面，按"ZERO"键调零。

（3）将不同的水果样品通过榨汁或挤压取样后，滴 1~2 滴样品于棱镜表面，使样品充分延展覆盖棱镜表面，按"START"键，几秒钟后即可得到测量结果。

淀粉的鉴别：

（1）将马铃薯、红薯、苹果、山药、胡萝卜分别切成片；

（2）在每种食物的切片上分别滴加碘液，仔细观察颜色变化。

四、评一评

水果名称	西瓜	火龙果	柑橘	葡萄	京白梨
含糖量					

食物名称	马铃薯	红薯	苹果	山药	胡萝卜
含淀粉（是 / 否）					

五、想一想

（1）通过实验比较哪种水果含糖高？

（2）通过实验说出哪类食物含有淀粉？为什么？

第三节 蛋白质

一、学一学

蛋白质主要由碳、氢、氧、氮组成，部分蛋白质还含有硫、磷，是人体细胞的结构和功能不可缺少的复杂化合物，是生物体细胞的重要组成成分，在细胞的结构和功能中起着重要的作用，没有蛋白质就没有生命。在食品中，蛋白质除了保证食品的营养价值外，还影响食品的色、香、味等特征。因此，蛋白质既是机体必要氨基酸的主要来源之一，又是一类重要的产能营养素，是食品营养不可或缺的部分。

"民以食为天"，食物的适量摄入和平衡膳食可维持人体正常的生理功能，促进生长发育和健康长寿，在日常饮食中摄入足量的蛋白质是维持身体健康状态的重要因素之一，缺乏蛋白质会导致免疫力低下、贫血等症状，严重缺乏甚至可造成死亡。

安徽阜阳的"大头娃娃事件"，就是因为乳粉中缺少蛋白质导致婴儿营养缺乏，生长缓慢，甚至死亡。从 2003 年开始，安徽阜阳 100 多名婴儿陆续患上一种怪病，脸大如盘，四肢短小，当地人称之为"大头娃娃"。经调查发现，大头娃娃们都吃了一种奶粉，这种奶粉是不法分子用淀粉、蔗糖等价格低廉的食品原料全部或部分替代乳粉，再用奶香精等添加剂进行调香调味制造出的劣质奶粉。奶粉中婴儿生长发育所必需的蛋白质、脂肪以及维生素和矿物质含量远低于国家相关标准，长期食用这种劣质奶粉导致了婴幼儿营养不良、生长停滞、免疫力下降，进而并发多种疾病甚至死亡。

因此有效测定食品中的蛋白质，从而有效控制蛋白质的含量具有积极意义。

二、做一做

测定食品中的蛋白质

原理：

考马斯亮蓝 G-250 在游离状态呈红色，在酸性溶液中，考马斯亮蓝 G-250 与蛋白质结合形成蓝色复合物；该复合物在 595nm 处有最大吸收峰，其颜色的深浅与蛋白质的浓度成正比。该方法灵敏度高，适合微量蛋白质分析。

材料与试剂：

奶粉、蒸馏水

仪器：

移液器枪、100mL 容量瓶、50mL 带塞试管、滴管、考马斯亮蓝法蛋白含量测试盒（含蛋白检测管和标准比色板）

步骤：

（1）取奶粉 2g 于 100mL 容量瓶中，加蒸馏水至 100mL，充分摇匀。

（2）用移液枪从中取 1mL 至 50mL 带塞试管中，加纯净水或蒸馏水至 40mL，充分混匀成样品待测液。

（3）用移液枪取 0.5mL 样品待测液加入一支蛋白质检测管中，盖上盖子摇匀，反应 2min，观察颜色变化，根据标准比色板进行半定量判定；每次测定须按照前述步骤制作蒸馏水空白对照以便判断。

（4）颜色如果变蓝，说明待测溶液中含有蛋白质；若颜色未发生变化，则说明待测溶液中不含蛋白质或蛋白质含量极微量未达到检测限值。

三、想一想

我们的日常生活中哪些食物中含有蛋白质？

第四节　脂肪

一、学一学

1. 脂肪的定义

脂肪，狭义上是指人和动物体中的油性物质，存在于人体和动物的皮下组织及植物体中，是生物体的组成部分和储能物质。而广义上的脂肪则是指脂类物质，是脂肪和类脂的总称。脂肪包括不饱和脂肪与饱和脂肪两种，动物脂肪含饱和脂肪酸为多，在室温中呈固态。相反，植物油则含不饱和脂肪酸较多，在室温下呈液态。类脂则是指胆固醇、脑磷脂、卵磷脂等。

植物油脂　　　　　　　　　　　　　　　动物脂肪

2. 脂肪的生理功能

（1）供给和贮存热能，维持体温：氧化 1kg 的脂肪释放的能量约为 38.9kJ（9.3kcal），比蛋白质和碳水化合物高约 1 倍，正常健康人总热量有 17%~30% 来自脂肪。

（2）构成机体组织细胞的成分：必需脂肪酸是细胞的重要构成物质，在体内具有多种生理功能，比如：促进生长发育，维持皮肤和毛细血管的健康。磷脂则是构成细胞中各种膜的重要成分。胆固醇则在体内可转化为胆汁酸盐、维生素 D_3、肾上腺皮质激素等多种具有重要生理功能的化合物。

（3）保护机体：脂肪占人体体重的 10%~14%，具有保温、隔热的作用。同时身体中的脂肪也是器官、关节和神经组织的隔离层，可避免各组织相互间摩擦，当身体受到外力冲击时脂肪亦具有缓冲作用。

（4）提高饱腹感并促进脂溶性维生素的吸收：脂肪在胃中停留时间较长，一次进食 50g 的脂肪，需要 4~6h 才能从胃中排空，因而使人有高度饱腹感。此外，脂肪还是脂溶性维生素的溶媒，维生素 A、D、E、K 均不溶于水，只有溶解到脂肪中才能被人体吸收。

（5）改善食品的感官性状：在烹调时加入脂肪，可以改善食品的味道，增进食欲。例如油炸食品等特有的美味感，没有脂肪是不会有的。

3. 脂肪摄入过量的健康风险

脂肪摄入过多，可导致肥胖、心血管疾病、高血压、脂肪肝和某些癌症发病率升高。但是如果缺乏必需脂肪酸，可引起生长迟缓、生殖障碍、皮肤受损等；另外，还可引起肝脏、肾脏、神经和视觉等多种疾病。胆固醇摄入多了，就会引起高胆固醇血症，进而形成冠状动脉粥样硬化性心脏病等所谓的"富贵病"。

油脂的劣变

油脂的劣变是指油脂发生一定的化学反应，品质变劣，并产生对人体健康有害的化学物的过程。油脂劣变程度常用过氧化值来评价，过氧化值表示油脂和脂肪酸等被氧化程度的一种指标。是 1kg 样品中的活性氧含量，以过氧化物的毫摩尔数表示。

二、猜一猜

下列哪种油脂在常温下是固态？请在相应括号内划√。

玉米油（ ） 葵花籽油（ ） 棕榈油（ ） 花生油（ ）

人体内是否能合成必需脂肪酸？请在相应括号内划√。

能（ ） 不能（ ）

三、做一做

实验：油脂过氧化值的检测

实验目的：掌握食用植物油脂过氧化值的快速检测方法。

实验原理：利用食用油劣变产生的游离脂肪酸或过氧化物与试纸上的药剂发生显色反应，试纸的颜色变化即反映出油脂样品劣变的程度。

实验材料：食用油过氧化值快速检测试纸，食用油

实验步骤：

（1）将油温调整至（25±5℃）。

（2）将试纸的测试端浸入油样中并开始计时，试纸浸入油样中1~2s后取出，将试纸测试端朝上平放。

（3）试纸取出后，计时90s，将试纸测试端的颜色与比色表上的色块进行比较，判定检测结果。

① 准备：检测试纸和待检测的油样品。（将油样温度调整至25℃±5℃）

② 直接取植物油（动物油需加热使其融化）样品适量（约5mL）于清洁、干燥容器中。

③ 将试纸端插入油样中并开始计时，试纸插入油样中1~2s立即取出。

四、想一想

（1）你还知道哪些油料作物？

（2）油和水混合会分层，你知道哪个在上层、哪个在下层吗？为什么呢？

第五节 维生素

一、学一学

维生素（vitamin）是一类人体不能合成，维持机体生命活动过程所必需的一类微量的低分子有机化合物，分为脂溶性和水溶性维生素。脂溶性维生素包括维生素 A、D、E、K，溶于脂类物质，可以在肝脏蓄积；水溶性维生素包括 B 族维生素和维生素 C，可溶于水，在体内无法储存。维生素存在于天然食物中，在机体内不提供能量，机体内的维生素一般不能充分满足机体的需要，所以必须通过食物来供给。维生素 A 缺乏会导致夜盲症、干眼症、皮肤干燥、脱屑等；维生素 B_1 缺乏会引起神经炎、脚气病、食欲不振、消化不良、生长迟缓等症状；维生素 C 缺乏会导致坏血病和抵抗力下降；维生素 D 缺乏会导致儿童佝偻病和成年人骨质疏松等症状。

维生素 C 属于水溶性维生素，因能预防和治疗坏血病又称为抗坏血酸。维生素 C 具有高度的还原性，有抗氧化作用，因为人体自身不能合成维生素 C，因此须从膳食中获取。

维生素 C 的主要食物来源是新鲜蔬菜与水果。蔬菜中，辣椒、茼蒿、苦瓜、豆角、菠菜、马铃薯、韭菜等中含量丰富；水果中，酸枣、鲜枣、草莓、柑橘、柠檬等中含量最多。

二、猜一猜

下面哪种果汁维生素 C 含量高？请在相应括号内划√。

① 柑橘汁（　）② 番茄汁（　）③ 鲜橙多果汁（　）④ 猕猴桃汁（　）

三、做一做

实验名称：如何检测出水果蔬菜和果汁饮料中的维生素 c 呢？

实验目的：通过实验获得不同水果 Vc 含量的差异

实验原理：维生素 C 可以使紫色高锰酸钾溶液褪色。

实验材料与器具：0.01% 的高锰酸钾溶液、柑橘、番茄、猕猴桃、鲜橙多果汁、烧杯、滴管、卷纸等

实验步骤：

（1）分别将柑橘、番茄、猕猴桃榨成汁

（2）取 4 支试管，分别加入 10mL 高锰酸钾溶液，向试管中逐滴滴入含有维生素 C 的果汁

（3）观察并记录下紫色褪色瞬间的滴数，比较 3 种果汁的结果差异。

四、评一评

果汁名称	柑橘汁	番茄汁	鲜橙多果汁	猕猴桃汁
消耗果汁滴数				

五、想一想

（1）哪种果汁维生素 C 含量高？为什么？

（2）你还知道哪些水果维生素 C 含量比较高？

第六节　加碘食盐的意义与测定

一、学一学

碘是人体的必需微量元素之一，有"智力元素"之称。它被人体吸收后，作为一种原料，在甲状腺内合成、制造甲状腺激素，这种激素有促进人体发育，特别是大脑发育、增强智力的作用。机体缺碘容易引起地方性甲状腺肿和地方性克汀病，即碘缺乏病。

早在 20 世纪 60—80 年代，全国 31 个省市普遍为外环境碘缺乏地区，有 7 亿多人口缺碘，曾占到世界碘缺乏病人群的 40%。当时由于缺碘导致的智力低下人群，占智力残疾人群的 80%。据统计，在甲状腺肿流行区，儿童的智商比非流行区低 10%~15%。1994 年国家开始提出"全部食用盐加碘"的举措，即日常家庭食用盐、食品工业添加食用盐、动物饲料添加用盐均要加碘。全民食盐加碘对有效预防碘缺乏所致的大脑发育损伤、全面提高民族素质和促进社会发展功不可没。国家标准要求碘盐中碘含量为 20~30mg/kg。在全民补碘政策实施 15 年之后，一些地区迎来了甲状腺疾病发病的高峰期。辽宁、浙江、天津、上海、福建等沿海高碘地区，原本预防大脖子病的碘盐，反而导致市民碘过量，引起甲状腺疾病。

对这些地区的人群，以及由于摄入碘过量造成的甲状腺疾病患者，补碘只能是有害无益。因此，需要科学补碘，施行有区别的食盐加碘政策，停止在非碘缺乏地区和碘过量地区供应碘盐。

二、猜一猜

下面哪个是碘盐？请在相应括号内划√。

（1）含碘单质的氯化钠（　　）

（2）含碘酸钾的氯化钠（　　）

（3）含碘单质的氯化钾（　　）

（4）含碘酸钾的氯化钾（　　）

三、做一做

实验名称：食盐中碘的测定

实验目的：掌握食盐中碘的测定方法及原理

实验原理：碘盐中的碘是以碘酸钾的形式存在，用还原剂亚硫酸钠在酸性条件下将 IO_3^- 还原成 I_2，碘单质遇到淀粉溶液反应产生颜色。颜色深浅与碘含量成正比，与标准比色卡对比可确定碘含量。

实验材料与器具：碘盐样品、试剂（亚硫酸钠溶液、稀硫酸溶液、淀粉溶液）、实验白纸、药勺、滴管、比色卡

实验步骤：

（1）用药勺取适量的食盐样品放置在实验白纸上。

（2）然后在样品上方 0.5cm 高处滴一滴稀硫酸和溶液亚硫酸钠，再滴一滴淀粉溶液。

（3）试剂与食盐中的碘发生化学反应，观察颜色变化。

实验结果：

待颜色稳定后与标准比色卡比较，找到与色阶相同或相近的色点，色点下标示的含量即为食盐中碘的含量，并记下食盐样品中碘的含量。

加试剂前　　　　　　　　加试剂反应后

四、评一评

设想：碘盐中碘的存在形式	如何检验	实验结论
I_2		
IO_3^-		

五、想一想

（1）此方法可以用来测定海藻碘盐中碘的含量吗？为什么？

（2）加碘食盐为什么不能高温蒸炒？炒菜时什么时候放碘盐合适？

第三章

▌▌▌ 食品安全与健康

　　民以食为天，食以安为先。从这句古语中可以看出，食品是人类赖以生存的物质基础，但首先要保证食品是安全的才可以食用。《中华人民共和国食品安全法》规定，食品安全是指食品无毒、无害，符合应有的营养要求，对人体健康不造成任何急性、亚急性或者慢性危害。食品安全问题不仅关系到人类的健康，而且是影响人类发展的一个重要因素。随着我国食品工业的发展，各种新型食品层出不穷，给我们带来美味食品的同时，一些食品安全事件也不断曝光。近几年出现的"三聚氰胺奶粉""瘦肉精猪肉""苏丹红鸭蛋""敌敌畏火腿""染色馒头""皮革奶粉"等食品安全事件，已经严重威胁到了人们的身体健康。随着社会的进步和人们生活水平的不断提高，人们在关心食品中营养物质的同时，也越来越关注食品的安全与健康问题。为了保证人们的身体健康，我们必须了解日常生活中的食品安全。

第一节　食品安全与健康概述

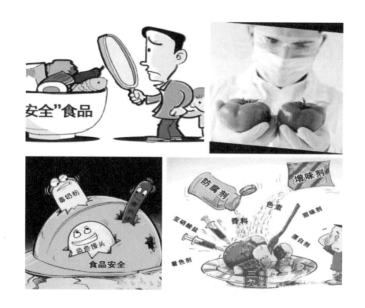

一、学一学

1. 食品安全问题主要有哪些

（1）食品腐败变质问题。引起食物变质的原因有很多，有物理、化学和生物性因素，其中由于微生物污染引起的食品腐败变质是最常见的。食品包装材料不达标、密封不严，包装环境洁净度不够等都会使食品受到不同程度的微生物污染，当环境条件适宜时，微生物就会迅速生长繁殖，造成食品腐烂变质，从而导致食用价值降低，如果不慎食用腐烂变质的食品甚至会引起食物中毒。

（2）食品添加剂问题。食品添加剂具有改善食品的感官、保持和提高食品的营养价值、提高食品的保质期等作用，但是其不合理使用会严重危害人体健康。近年来，由食品添加剂引发的食品安全问题不断增多。目前存在的主要问题有超量使用添加剂、添加剂使用超出规定范围，违法使用未经批准、禁用的添加剂或者添加非食用物质、使用工业级添加剂代替食品添加剂等。比如在婴儿食品或奶制品中添加糖精、香精等食品添加剂都是不允许的。

（3）食品的污染问题。食品污染问题主要有农药残留污染、重金属污染和微生物污染等，一旦食品被污染就会对人体造成不同程度的伤害。农作物在种植过程中，由于农民缺乏用药常识，超剂量及违规使用禁限用农药问题不断出现，是造成食品农药污染的主要原因；未经处理的工业废水、废气、固体废弃物的排放，是重金属砷、汞、铅、镉等元素污染食品的主要渠道。统计显示，在中国影响食品安全的诸多因素中，微生物污染仍高居首位。食品的微生物污染主要是由致病微生物引起的，主要包括细菌、真菌和病毒等三类。其中沙门氏菌是世界各国公认的食源性疾病首要病原菌。

2.选购安全食品的方法

在购买食品时，我们应尽量选择大型超市以及大品牌的生产厂商。选购食品时看外包装有无破损、是否密封；标签上应标明品名、厂名、生产日期、保质期、配料表等重要信息；看生产日期，尽快选择近期生产的食品，即使是在保质期内的食品也应注意是否发生了霉变；看外观，不要选择色泽异常鲜艳的食品，因为其可能添加了人工合成色素或者发色剂亚硝酸盐；看食品储藏条件，需要冷藏冷冻的却放在常温区的食品不要购买。

3.食品安全小常识

（1）搞好厨房卫生，保持餐具清洁。

（2）生、熟食品要分开，防止交叉污染。

（3）不吃超过保质期的食品。

（4）不吃腐败变质的食品。

（5）肉、禽、蛋等食品要煮熟，以杀灭虫卵病菌。

（6）尽量少吃剩饭、剩菜。

二、猜一猜

（1）在食物加工、烹调过程中，以下哪种营养素最容易损失？请在相应括号内划√。

维生素（　　）　蛋白质（　　）　矿物质（　　）　脂肪（　　）

（2）食品标签上必须标注的内容是什么？请在相应括号内划√。

保质期（　　）　生产日期（　　）　生产厂址（　　）　企业名称（　　）

三、做一做

根据学到的知识，结合现实生活中接触到的食品，自己亲手设计制作一个以食品安全与健康为主题的小展板，以图文并茂的形式展示。调查并找出家里、学校周边和市场上销售的可能存在安全隐患的食品，以确保自己摄入的食品是安全的，起到宣传安全食品、远离垃圾食品、维护身体健康的作用。

四、想一想

（1）在购买食品时应注意哪些方面？

（2）能否用发霉变质的食物喂养禽畜？为什么？

第二节　食品加工与食品安全

一、学一学

食品加工是将食物（原料）经过劳动力、机器、能量及科学知识，把它们转变成半成品或可食用的产品的过程。食品加工不仅能增加食品的多样性，还能延长食品的储存时间，提高食品的附加值。可以说，正是因为食品加工行业，才使我们的食品如此丰富。那么食品加工与食品安全有什么关系吗，换句话说，食品加工过程可能会引起哪些安全问题呢？

1. 腌渍食品与食品安全

腌渍是指让高浓度的食盐或者食糖渗入食物组织内，降低食物的水分含量，从而抑制食物中腐败菌的生长，延长食物储藏期的一种食品保藏方法。常见的腌渍食品包括酱菜、果脯、腊肉等。

腌渍食品的危害：腌渍食品含亚硝酸盐，特别是还没有腌好的菜中含量最高。亚硝酸盐是有毒物质，摄入过量能引起人体中毒，使血液中的红血球失去携带氧气的作用，从而导致组织缺氧，出现皮肤和嘴唇发紫、头痛、头晕、恶心、呕吐、心慌等中毒症状，严重者还会导致死亡。因此，腌渍食品不宜过量食用。

2. 熏烤食品与食品安全

熏烤食品在生活中非常普遍，如烤鸭、烤鸡、烤羊肉、烤红薯、火腿、熏鱼等。熏烤食品有一种特殊的香味，是家庭餐桌和宴会酒席上的佳肴，很多人喜欢食用。

但是，从养生保健角度看，这些食品是不宜多吃、不宜经常食用的。这是因为在食物的熏烤过程中能够产生一种有毒的化学物质——苯并芘。它通过食物或饮水进入人体，在肠道内被吸收后通过血液迅速遍布全身，由于其本身具有生物蓄积性，可在乳腺和脂肪组织内形成蓄积，并在人体内酶的作用下形成致癌物，并有可能最终导致癌症的发生。

3. 油炸食品与食品安全

油炸食品是一种传统的方便食品，它是利用油脂作为热交换介质，使被炸食品中的淀粉糊化、蛋白质变性以及水分变成蒸汽从而使食品变热或成为半调理食品。油炸食品因其给人带来的优越口感，也受到很多消费者的青睐。

众所周知，油炸食品也不宜食用过量，油炸薯条、土豆片等碳水化合物含量较高的食物经过高温油炸后会产生丙烯酰胺。丙烯酰胺会导致基因突变，动物实验研究证明丙烯酰胺会促进良性或恶性肿瘤形成，并导致中枢和末梢神经系统受损，国际癌症研究机构已将其归类为对人类很可能致癌的物质。

4. 食品添加剂与食品安全

食品添加剂是指为改善食品品质和色、香、味，以及为防腐、保鲜和加工工艺的需要而加入食品中的人工合成或者天然物质。目前，我国允许使用的食品添加剂有 2 300 多种，还有 200 多种营养强化剂。食品添加剂主要包括酸度调节剂、抗结剂、消泡剂、抗氧化剂、漂白剂、膨松剂、着色剂、护色剂、酶制剂、增味剂、营养强化剂、防腐剂、甜味剂、增稠剂、食品香料等。

食品添加剂按规定使用，对人体是安全的。近年来爆发的有关食品添加剂安全事件，其实是不法分子使用了非法添加剂，即国家不允许使用的化学添加剂，主要有以下几类。

（1）苏丹红。一种亲脂性偶氮染料，主要用于油彩、机油等产品的染色。由于用苏丹红染色后的食品颜色非常鲜艳且不易褪色，所以一些不法食品企业把苏丹红添加到食品中。常见的添加苏丹红的食品有辣椒粉、红腐乳、红心禽蛋等。1995 年，欧盟、中国等已禁止将苏丹红用于食品。

（2）甲醛。40% 的甲醛水溶液俗称福尔马林，是一种有刺激气味的无色液体，具有防腐杀菌的功效，通常用来浸泡生物标本。在水发食品中加入甲醛，可以起到改善外观、增加口感和防腐的作用。在酒类饮料中加入甲醛可以起到防止浑浊、增加透明度的作用。2004 年 6 月 15 日，世界卫生组织发布公告称甲醛致癌，禁止用于食品中。

（3）吊白块。化学名称为次硫酸氢钠甲醛或甲醛合次硫酸氢钠，是一种白色块状或结晶性粉状物质，曾用于米粉、粉丝、腐竹等食品的漂白。由于其对人体的肺、肝脏和肾脏损害极大，具有强致癌性，我国在 1989 年起明文规定严禁在食品加工中使用。

（4）硼砂。一种含有无色晶体的白色粉末，是提取硼和硼化合物的主要矿物原料，通常用于工业生产和医药行业。在食品中加入硼砂，可改善食品的韧性、脆度和口感，还能延长食品的保质期。但是人体若摄入过多的硼，会引发多脏器的蓄积性中毒，所以我国法律明令禁止硼砂作为食品添加剂使用。

二、猜一猜

下面哪些属于腌渍食品？请在相应括号内划√。

① 泡菜（　　）　② 咸鸭蛋（　　）　③ 话梅（　　）　④ 面包（　　）

三、做一做

实验：食品中苏丹红的快速检测方法

实验目的：掌握食品中苏丹红的快速检测方法。

实验原理：根据苏丹红与其他人工合成色素或天然色素的化学极性不同，通过在展开板上的展开距离不同来确定样品中是否添加苏丹红。

实验材料：食品中苏丹红快速检测试剂盒、辣椒粉

实验步骤：

1.样品处理

称取约 0.5g 辣椒粉于 5mL 塑料离心管中，加入 2mL 苏丹红提取剂，盖紧盖子，摇动 60 次，开盖，静置 5min。

2. 点样

选取一张展开板（薄层板），在展开板上距底边 1cm 和 5cm 处各轻画一条铅笔横线（起始线和终止线）。再用铅笔在起始线上点 5 个标记点，间距为 0.8cm。

展开板水平放置，用毛细管吸取少量辣椒粉提取液（约 2μL）在标记点处垂直点样，边点样边用洗耳球吹干，以保证斑点直径小于 4mm。然后在另一标记点点上苏丹红对照液。不同溶液用不同毛细管进行取样、点样。

3. 层析展开

在一个层析缸（或 250mL 烧杯）中，加入约 5mL 展开剂，水平放置，将展开板（点样端朝下）放入层析缸（或 250mL 烧杯），底边浸入展开剂中，盖紧上盖（烧杯没盖的用保鲜膜密封好）。展开至溶剂前沿到达终止线时，打开上盖，取出展开板，挥干展开剂（自然干或洗耳球吹干），观察结果。

4. 结果判定

如果样品在展开轨迹中出现有色斑点，该色斑的展开距离（点样位置到色斑的距离）与苏丹红对照液的展开后的某色斑距离相等（或差异很小）、颜色相同或颜色虽浅却相近时，即可判断样品中含有苏丹红。（图 A）。若样品展开的色斑与苏丹红对照液不同，则可判断样品中没有苏丹红（图 B）。

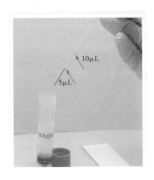

图 A　　　　　　　　图 B

注：①为苏丹红对照液；②为样品溶液

四、想一想

（1）我们日常生活中的食品哪些属于加工食品，哪些属于天然食品？

（2）对于加工食品我们要怎样看待它们？

第三节　碳酸饮料的制作与健康

一、学一学

1. 什么是碳酸饮料

碳酸饮料是指在一定条件下充入二氧化碳气体的软饮料制品。主要成分包括碳酸水、白砂糖和柠檬酸等酸性物质，有些还含有少量咖啡因、人工色素和香料等。除糖类能给人体补充能量外，充气的"碳酸饮料"中几乎不含营养素。

2. 碳酸饮料的分类

果汁型：原果汁含量不低于2.5%的碳酸饮料。如橘子汁汽水、菠萝汁汽水。

果味型：以果香型食用香精为主要赋香剂，原果汁含量低于2.5%的碳酸饮料。如七喜。

可乐型：含有焦糖色、可乐香精或类似可乐果和水果香型的辛香、果香混合香型的碳酸饮料。无色可乐不含焦糖色。

低热量型：以甜味剂全部或部分代替糖类的各型碳酸饮料和苏打水。成品热量低于75 kJ/100 mL。如苏打水。

其他型：含有植物抽提物或非果香型的食用香精为赋香剂以及补充人体运动后失去的电介质、能量等的碳酸饮料。

3. 碳酸饮料的危害

（1）越喝越渴：碳酸饮料中含有大量的甜味剂、色素、防腐剂等，这些成分在人体中代谢时需要大量的水分，并且一些饮料中还含有具有利尿作用的咖啡因，会促进体内水分排出，所以碳酸饮料不但不能解渴，反而会越喝越渴。

（2）易造成肥胖。碳酸饮料一般含有约10%的糖分，一小瓶热量就达到 100~200kcal，经常喝容易使人发胖。

（3）损伤牙齿。碳酸饮料中的酸性物质及有酸性糖类副产品会软化牙釉质，对牙齿龋洞形成起到促进作用。如果牙釉质软化，再加上不正确刷牙、磨牙等陋习，会导致牙齿损坏。

（4）影响消化。碳酸饮料中含有大量的二氧化碳，其在抑制饮料中细菌的同时，也会对体内的有益菌产生抑制作用。而冰凉的水分加上大量的二氧化碳也会使人腹胀，影响食欲，甚至造成胃肠功能紊乱。

（5）导致骨质疏松。碳酸饮料中，大部分都含有磷酸，大量磷酸的摄入就会影响钙的吸收，引起钙、磷比例失调。一旦钙缺失，对于处在生长过程中的青少年身体发育损害非常大，缺钙无疑意味着骨骼发育缓慢、骨质疏松，有资料显示，经常大量喝碳酸饮料的青少年发生骨折的危险是其他青少年的 3 倍。

二、猜一猜

（1）下列哪些饮料不是碳酸饮料？请在相应括号内划√。

可乐（　）雪碧（　）美年达（　）冰红茶（　）

（2）下列哪些物质不是碳酸饮料的成分？请在相应括号内划√。

色素（　）维生素（　）糖（　）香精（　）

三、做一做

碳酸饮料制作小实验

实验原理：利用小苏打碳酸氢钠与柠檬酸反应生成二氧化碳的原理制作碳酸饮料。

实验材料：白糖 20g、小苏打 10g、柠檬酸 10g、厚壁饮料瓶 1 个、饮用纯净水。

实验步骤：往空饮料瓶里放入 2 勺白糖（可依据个人口味添加），再放入 1 勺小苏打，再倒入多半瓶纯净水，最后加入 1 勺柠檬酸。迅速拧紧瓶盖，不让里面的气体跑出来，轻轻摇晃后，放置 20min 即可饮用。

四、想一想

（1）碳酸饮料中的碳酸是怎么形成的呢？

（2）啤酒中是否也含有碳酸呢？

第四节　如何看待食品中的添加剂

一、学一学

1.什么是食品添加剂

食品添加剂是指为改善食品品质和色、香、味，以及为防腐、保鲜和加工工艺的需要而加入食品中的人工合成或者天然物质。目前，我国允许使用的食品添加剂有 2 300 多种，还有 200 多种营养强化剂。食品添加剂主要包括酸度调节剂、抗结剂、消泡剂、抗氧化剂、漂白剂、膨松剂、着色剂、护色剂、酶制剂、增味剂、营养强化剂、防腐剂、甜味剂、增稠剂、食品香料等。

食品行业的人经常会说：食品添加剂是食品工业的灵魂。为什么这样说呢？因为食品添加剂在食品加工的作用实在是太重要了。可有人就问了，好端端的"食品"，干嘛非要添加东西才行？实际上，要没了食品添加剂，许多我们爱吃的好东西，都会变得完全下不去嘴！比方说，要是没了乳化剂、增稠剂，软糯润滑的冰淇淋就跟硬邦邦的冰块儿一样！多亏了抗氧化剂，食用油才不用担心买回去放几天就变"哈喇"味。

2.客观理性看待食品添加剂

随着各种食品安全问题的连续爆发，人们对食品添加剂的安全问题也产生了担忧，但它真的有那么可怕吗？

（1）正确区分"食品添加剂"和"非法添加物"。公众谈食品添加剂色变，更多的原因是混淆了非法添加物和食品添加剂的概念，把一些非法添加物的罪名扣到食品添加剂的头上。例如作为食品添加剂的亚硝酸盐，因为有着色、防腐等作用，被广泛用于熟肉类制品中，但是却有一些不法商贩利用工业用亚硝酸盐制作肉食品，导致中毒事件的发生。作为食品添加剂的亚硝酸盐跟工业用的亚硝酸盐是两码事，但是一旦出了问题，很多人会认为是食品添加剂出了问题。

（2）纠正对食品添加剂的偏见。实际上，规范合理地使用食品添加剂对人体无害，部分食品不用添加剂反易危害健康，许多食品如果不使用食品添加剂会降低其营养功效或者影响消化吸收。所以对食品添加剂的认识一定要持客观理智的态度。

二、猜一猜

下列哪些是国家允许添加在食品中的防腐剂？请在相应括号内划√。

山梨酸钾（　　）　苯甲酸钠（　　）　二氧化硫（　　）福尔马林（　　）

三、做一做

实验：防腐剂（山梨酸钾）在浓缩果汁中的作用

实验原理：山梨酸钾能够有效地抑制食品中一些有害微生物的繁殖，从而延长食品的保存时间，并保持食品原有的风味。

实验材料：浓缩果汁、山梨酸钾

实验步骤：

（1）取两份等量的浓缩果汁，其中一份按 0.1%~0.2% 的比例加入山梨酸钾并搅拌均匀后，在室温下放置。

（2）分别在一天、三天、五天、七天后观察对比两份果汁的颜色、气味等状态。

四、想一想

（1）在我们常见的食品配料表中，哪些属于食品添加剂？分别有什么作用？

（2）厨房中的白砂糖、食盐、老陈醋是食品添加剂吗？

第五节　如何看待果蔬中的农药残留

一、学一学

　　农药是把双刃剑——农药在防治农作物病虫害和杂草、提高农业产量方面具有显著的效果；大量广泛施用农药会造成对食物的污染，食品中残留农药过高会导致癌症和帕金森症。

　　检测农药残留的方法：实验室大型精密检测仪器，如高效液相质谱和气相质谱仪；现场快速检测试剂和装置，如农残速测卡和速测仪。

　　农产品中的农药残留问题已引起人们的高度关注，如何去除农产品中残留的农药已经成为当前研究的热点。

二、猜一猜

　　下面哪种方式清洗蔬菜上的农残有效？（你认为最有效的划√）

　　① 清水（　　）　　② 盐水（　　）　　③ 碱水（　　）　　④ 淘米水（　　）
⑤ 果蔬清洗剂（　　）

三、做一做

　　实验名称：用什么清洗蔬菜上的农残更有效？

　　实验材料与器具：市售绿色叶菜和模拟农民打药但安全的叶菜、胆碱酯酶、显色剂、底物（乙酰胆碱）、提取缓冲液、电子天平、烧杯、剪刀、试管、移液器、乳胶手套、分光光度计或农残速测仪。

实验原理：

常用农药中有机磷类杀虫剂和氨基甲酸酯类杀虫剂无论在种类数方面还是使用量上都属于大宗农药。这两类农药都是通过抑制动物（昆虫）神经系统中一种叫作胆碱酯酶的活性，使得神经传递介质乙酰胆碱不能及时被降解，导致乙酰胆碱在神经系统中积累而中毒。

根据国家标准《蔬菜中有机磷和氨基甲酸醋类农药残留量的快速检测》（GB/T 5009.199-2003），胆碱酯酶可催化靛酚乙酸酯（红色）水解为乙酸与靛酚（蓝色），有机磷或氨基甲酸酯类农药对胆碱酯酶有抑制作用，使催化、水解、变色的过程发生改变，由此可判断出样品中是否有高剂量有机磷或氨基甲酸酯类农药的存在。

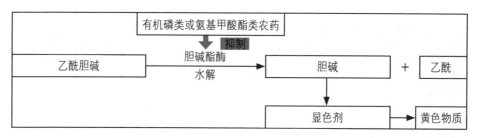

实验步骤：

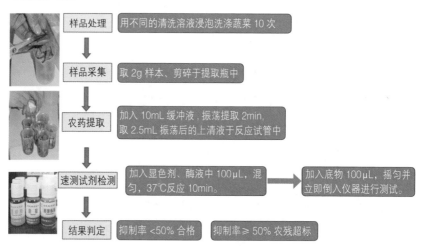

实验结果：

抑制率越高表明农残含量越高，当蔬菜样品提取液对酶的抑制率大于等于 50% 时，表示样品中有高剂量的有机磷或氨基甲酸酯类农药残留，可判定样品为农残阳性，小于 50% 样品为阴性。

四、评一评

不同处理	清水	盐水	碱水	淘米水	清洗剂
抑制率					

五、想一想

（1）根据实验结果用什么清洗蔬菜去除农残效果最佳？

（2）为什么这种溶液去除农残效果好？

第四章

▌▌▌食品检测小实验

检验和检测是人类探知自然界的基本手段，也是保障食品质量安全的重要手段。检验是指检查并验证。出自于《三国志·魏志·胡质传》："质至官，察其情色，更详其事，检验具服。"说的是，楚国的胡质到任后，察出了一桩杀人案的内情，通过详细审讯和验证后，使嫌犯认罪的故事。食品质量检验是指针对那些无法用仪器计量的，如外观、完好率、组织形态、气味等感官指标，通过感官进行判别的过程。检测是用指定的方法检验、测试、测量某种物体的技术性能或指标。检测与检验的区别在于使用特定的方法，如尺子等工具或仪器、风洞等设施。

第一节　鉴别木耳中的掺杂使假

一、学一学

木耳是一种优质美味的食用菌，是人们日常生活中经常食用的菜肴，具有丰富的价值，被誉为"菌中之冠"。木耳含有蛋白质、脂肪、多糖、胡萝卜素、维生素 B_1、维生素 B_2、烟酸等，还含有丰富的钙、磷、铁等元素以及磷脂、固醇等营养成分。蛋白质含量达 7% 以上，而且人体对这些蛋白质吸收率较高，又含有人体必需的 8 种氨基酸。《神农本草经》和《本草纲目》中把木耳作为一种食疗药物，用于治疗多种疾病。现代医学表明，木耳能帮助消化系统将无法消化的异物溶解，能有效预防缺铁性贫血、血栓、动脉硬化和冠心病，还具有防癌作用。

近年来，一些不法商贩在木耳中掺入硫酸镁、氯化镁、盐、糖、明矾、尿素、小苏打、铁粉、淀粉糊、砂土等物质，以增加重量，谋取暴利。据工商执法人员介绍，0.5kg 鲜木耳和 0.5kg 硫酸镁加水浸泡 2h 后，能泡出 0.85~1kg 的木耳来。食用掺杂硫酸镁和氯化镁的毒木耳可致镁离子中毒，出现胃痛、呕吐、水泻、虚脱、呼吸困难等症状。另外，硫酸镁对环境也有危害，对水体可造成污染。因此国家禁止在食品加工中添加和使用硫酸镁。硫酸镁本身有一种呛人的气味，加了硫酸镁的木耳会有一种

苦味。

二、猜一猜

木耳中常见的掺杂品有哪些？请在相应括号内划√。

①红糖（　　）②硫酸镁（　　）③氯化镁（　　）④砂土（　　）
⑤淀粉（　　）

三、做一做

实验名称：如何快速检测木耳中的掺杂品

实验目的：掌握木耳中硫酸镁和氯化镁掺假品的快速鉴别方法

实验原理：

硫酸镁可以和氯化钡溶液形成白色硫酸钡沉淀；氯化镁可以和硝酸银
溶液形成白色氯化银沉淀。

· $MgSO_4 + BaCl_2 = MgCl_2 + BaSO_4 \downarrow$

· $MgCl_2 + 2AgNO_3 = Mg(NO_3)_2 + 2AgCl \downarrow$

 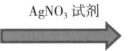 

AgNO$_3$ 试剂

含有氯化镁的溶液　　　　　　　　　　　　生成白色氯化银沉淀

实验材料与器具：干木耳样品、湿木耳样品、蒸馏水、硝酸银溶液、
氯化钡溶液、离心管、量筒、胶头滴管、三角瓶。

实验步骤：

称取 5.0g 湿木耳至三角瓶中，加入 50mL 水，振荡 5min，静置 2min；

称取 2.0g 干木耳至三角瓶中，加入 100mL 水，振荡 5min，静置 2min；

　　氯化镁的鉴别：分别吸取上清液 1.0mL，加入硝酸银溶液试剂 5 滴，静置，观察有无白色沉淀。

　　硫酸镁的鉴别：分别吸取上清液 1.0mL，加入氯化钡试剂 5 滴，静置，观察有无白色沉淀。

　　实验结果：

　　加入硝酸银溶液后如果产生白色沉淀，说明有木耳中掺入了氯化镁；加入氯化钡溶液后如果产生白色沉淀，说明有木耳中掺入了硫酸镁。

四、评一评

样品名称	氯化镁	硫酸镁
干木耳样品		
湿木耳样品		

注：在含有相应掺杂品的下方表格打"√"，不含的打"×"。

五、想一想

（1）如何从外观上辨别真假木耳？

（2）如果误食氯化钡引起中毒，怎么办？

第二节　液态奶中铵盐的测定

一、学一学

牛奶是一种营养丰富、容易消化吸收、物美价廉、食用方便的天然食品，富含蛋白质、脂肪、碳水化合物，所含的 20 多种氨基酸中有人体所必需的 8 种氨基酸。牛奶蛋白质是全价的蛋白质，它的消化率高达 98%。乳及乳制品作为"营养全价"的食品而深受广大消费者的喜爱，其需求量日益增多。

鲜奶掺假是十分普遍存在的问题。常见的掺假物质有电解质类、非电解质晶体类、胶体物质、防腐剂类、铵盐等。其目的在于以低值成分冒充高值成分，非法骗钱。鲜奶中掺入铵盐一是为了掩盖由于掺水而引起的鲜乳的比重下降；二是为了增加氮元素含量，而某些分析方法（如凯氏定氮法）通过测定氮元素含量来表示蛋白质含量，用以冒充蛋白质。掺加铵盐不仅破坏了牛奶的营养价值，还会危害消费者健康。我国政府高度重视"学生饮用奶计划"和乳业的发展，严抓乳品的质量，改造收奶站，以质论价，严厉打击掺假行为等，使鲜奶质量有了明显改善。但此现象并未完

全被杜绝，仍有一些地方和商家提供的原料乳中存在掺假问题。

二、猜一猜

下面哪些是容易掺入牛奶中的铵盐？请在相应括号内划√。

①氯化铵（　　）　　②碳酸铵（　　）　　③碳酸氢铵（　　）　　④硝酸铵（　　）

三、做一做

实验名称：如何测定液态奶中的铵盐

实验目的：掌握液态奶中铵盐的测定方法。

实验原理：

NH_4^+ 离子可与碘化钾和次氯酸钠溶液作用而生成 NHI_2 黑色沉淀。

$$2NH_4^+ + 2I^- + 2ClO^- \rightleftharpoons NHI_2 \downarrow + NH_3 + 2Cl^- + 2H_2O$$

实验材料与器具：液态奶样品、碘化钾溶液（KI 溶液）、次氯酸钠（$NaClO$）、水、氢氧化钠（$NaOH$）混合溶液、5mL 离心管、胶头滴管、1mL 移液枪、枪头

实验步骤：

分别吸取牛奶样品各 2.0 mL，置于 5mL 离心管中。

加入碘化钾溶液 1.0mL，混匀。

加入次氯酸钠（$NaClO$）、水、氢氧化钠（$NaOH$）混合溶液 10 滴，沿离心管壁缓慢加入，边加边密切观察反应现象。

根据颜色变化及深浅判断样品中是否掺有铵盐，并对样品中铵盐掺入量的多少进行比较。

实验结果：

阳性结果显色为棕黄—棕灰—黑色，掺假现象易于判定。其沉淀物颜

色、多少与铵离子的含量成正比。颜色越深，说明牛奶中铵盐含量越高。
未掺假样品呈现黄色。

四、评一评

名称	结果
含有铵盐的样品	
样品中铵盐含量比较	

五、想一想

（1）如何测定奶粉中的铵盐？

（2）喝牛奶时有哪些需要注意的？

第三节 剩菜中的亚硝酸盐知多少

一、学一学

亚硝酸盐是什么？

亚硝酸盐主要指亚硝酸钠，为白色至淡黄色粉末或呈颗粒状，味微咸，易溶于水。外观及滋味都与食盐相似，是一种常见的食品添加剂，广泛用于各种火腿、酱卤肉、熏肉和油炸肉类食品中，作为防腐剂和护色剂。

亚硝酸盐有什么危害？

亚硝酸盐在胃部可与胺产生作用，生成亚硝胺。亚硝胺具有强烈的致癌作用。由亚硝酸盐引起食物中毒的概率较高。食入 0.3~0.5g 的亚硝酸盐即可引起中毒甚至死亡。

生活中可能遇到的亚硝酸盐存在于哪些食物里？

日常我们接触到的食物中容易产生亚硝酸盐的主要有剩菜、剩饭、腌制罐头、泡菜、酱腌菜、香肠等。另外，人们误将工业用亚硝酸钠作为食盐食用，也可见于饮用含有硝酸盐或亚硝酸盐苦井水。

二、猜一猜

下面哪组食物中亚硝酸盐含量较高？你认为最高的划√

（1）冰箱放置过夜的剩菜（ ）和室温放置过夜的剩菜（ ）。

（2）腌制 20d 以上的泡菜（　　）和爆腌 2~7d 的泡菜（　　）。

三、做一做

生活中的剩菜能吃吗？这个问题其实是要问大家剩菜中有没有亚硝酸盐，若有，其含量有没有超过安全限量。我们可以通过下面的实验来回答这个问题。

（1）实验材料：室温放置 0、12、24、48h 的清炒油菜和冰箱放置 0、12、24、48h 的清炒油菜，亚硝酸盐速测试剂盒。

（2）实验器材：电子天平、匀浆机、烧杯、剪刀、试管、移液器、乳胶手套等。

（3）实验原理：食品中的亚硝酸盐与试剂反应生成紫红色特殊物质，通过与比色卡对比，可判定样品中亚硝酸盐是否超标。

（4）实验步骤：取粉碎均匀的样品 2.5g 至提取瓶中，加蒸馏水至 10ml 刻度线，充分震摇后放置 5min。取上清液 1.0ml 加入到速测管中，盖上盖，将试剂摇溶，10min 后与标准比色卡对比，该比色卡上的数值乘上 4 即为样品中亚硝酸盐的含量 mg/kg（以 $NaNO_2$ 计）。

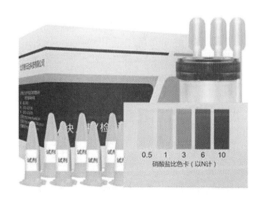

四、评一评

存放条件 ＼ 时间	0h	12h	24h	48h
室温				
冰箱				

五、想一想

（1）日常生活中该如何避免亚硝酸盐摄入过量？

（2）如果设置重复提高精确度，如果测定的颜色不在色卡范围内该如何处理？

第四节　果蔬褐变的真相

一、学一学

1.什么是褐变现象

褐变是指食品在贮存加工过程中发生颜色改变（往往是变深）的现象。分为两种：酶促褐变和非酶褐变。酶促褐变是由酶参与的褐变反应。非酶褐变是不需酶催化的褐变反应，如美拉德反应、焦糖化等。

2.为什么果蔬会发生褐变呢

酶促褐变的原理：植物的细胞组织中含有酚类物质，作为呼吸链传递物质，在酚—醌之间保持着动态的平衡。当细胞组织被破坏后，氧气大量侵入，酚在酶的催化作用下造成醌的形成，酚—醌平衡破坏，醌发生积累，再进一步氧化聚合成褐色色素。催化酶促褐变的酶有酚酶、抗坏血酸脱氢酶、过氧化物酶等。

3.褐变有什么坏处呢

很多农产品在加工贮藏过程中都会发生褐变，例如莲藕在采收 3~5d 后就会出现萎蔫现象，表皮甚至内部可食部分均会发生褐变，严重影响食用品质，还有香蕉、苹果、梨等常见的大众水果均很容易发生褐变。褐变不仅影响水果的风味，而且降低其营养价值，因此，了解褐变的反应机理，寻找控制褐变的途径有着重要的实际意义。

二、猜一猜

下列哪些果蔬在切开后容易发生褐变？请在对应果蔬后面划√。

马铃薯（　）莲　藕（　）黄　瓜（　）

苹　果（　）西　瓜（　）香　蕉（　）

三、做一做

怎么让切开的蔬菜水果不容易褐变呢?

(1)实验材料:苹果、马铃薯、柠檬酸溶液

(2)实验器具:水果刀、水浴锅

(3)实验步骤:

将苹果和马铃薯去皮后切片,备用;

将两种切片分别做以下处理:浸没于清水中、在表面涂抹柠檬酸、沸水热烫几秒钟、置于空气中;

20min后观察不同方法处理的苹果和马铃薯片表面是否发生了褐变反应及褐变程度。

四、想一想

(1)除了苹果和马铃薯,生活中还有哪些水果和蔬菜容易发生褐变?

(2)是否还有其他方法来抑制酶促褐变?

第五节　瘦肉精的快速检测

一、学一学

2011 年 3 月 15 日，随着河南"瘦肉精"事件的曝光，食品安全再次成为整个社会关注的焦点。由于此次事件性质恶劣且影响巨大，曾一度引起人们对肉制品质量安全问题的恐慌，使得人们对肉类产品敬而远之。其中用量最多的"瘦肉精"（盐酸克伦特罗）是一种 β - 受体兴奋剂，其是一种平喘药，有松弛支气管平滑肌的作用，本用于治疗人的哮喘病。既不是兽药，也不是饲料添加剂。作为非法饲料添加剂使用剂量是人用药剂量的 5~10 倍，被猪食用后，可以在代谢过程中起到促进蛋白质合成、加速脂肪的转化和分解的作用，大大提高了猪肉的瘦肉率。瘦肉精虽然有助于动物生长，增加瘦肉率，但长期使用会使该药蓄积在动物组织中，通过食物进入人体后，就会使人体渐渐地蓄积中毒，如果残留量过高，人体在 15 分钟至 6 小时内就可出现中毒症状。我国已经明令禁止瘦肉精添加在饲料中，但是一些不法分子在利益的驱使下仍然在饲料中使用，致使瘦肉精中毒事件时有发生，给我国经济造成了巨大损失并产生了极坏的社会影响。

二、猜一猜

下面哪些药物属于"瘦肉精"范畴？请在相应括号内划√。

①莱克多巴胺（　　）②盐酸克伦特罗（　　）③沙丁胺醇（　　）④盐酸多巴胺（　　）⑤盐酸氯丙那林（　　）

三、做一做

实验名称：如何快速测定肉中的瘦肉精

实验目的：掌握肉中瘦肉精的测定方法。

实验原理：样品中的盐酸克伦特罗在流动过程中与胶体金标记的特异性抗体结合，抑制了抗体与固相载体膜上的盐酸克伦特罗–BSA偶联物的结合。

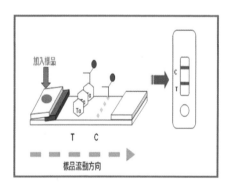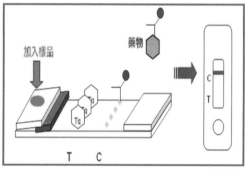

实验材料与器具：猪肉样品、离心管、快速检测试纸卡、匀浆机、电子天平、水浴锅、滴管。

实验步骤：

（1）新鲜的猪肉样品，分别切成小块，放入匀浆机中匀浆，打成肉泥；

（2）称取5.0g样品至离心管中，放入水浴锅中沸水浴加热10min，立即吸取适量析出的组织液至1.5mL离心管中，静置2min，上清液即为待测样品溶液；

（3）分别吸取待测样品溶液，缓慢滴加3~4滴样品液于快速检测试纸卡的加样孔中，开始计时；

（4）在3~5min内，分别读取不同样品的测定结果。

实验结果：

根据快速检测卡T线是否变色判断样品中是否有盐酸克伦克罗。阳性：C线显色，T线不显色；阴性：C线显色，T线肉眼可见，无论颜色深浅均判为阴性。无效：C线不显色，无论T线是否显色，该试纸均判为无效。

四、评一评

样品来源	结果（阳性/阴性）
超市	
零售店	
农贸市场	

五、想一想

（1）什么是瘦肉精？

（2）瘦肉精对人体有何危害？

第六节　三聚氰胺的快速检测

一、学一学

什么是三聚氰胺？

三聚氰胺是一种三嗪类含氮杂环有机物，常温下是一种白色晶体，几乎没有味道，微溶于水。三聚氰胺是一种重要的化工原料，在建筑、造纸、纺织、制鞋等领域应用广泛。三聚氰胺具有一定的毒性，动物或人体长期摄入三聚氰胺可对肾脏与膀胱产生影响，导致产生结石病，甚至诱发癌症，因此三聚氰胺不允许添加到食品中。

为什么有人会往奶粉中添加三聚氰胺？

既然三聚氰胺是一种化工原料，那为什么会有人往奶粉中添加三聚氰胺呢？这要从三聚氰胺的结构说起，三聚氰胺分子中含有碳、氮、氢、氧等元素，其中氮元素含量占66.7%。通用的蛋白质测试方法为"凯氏定氮法"，通过测出氮含量来推算蛋白质含量。由于奶粉主要成分只有蛋白质含有氮，其他主要成分（碳水化合物、脂肪）都不含氮，因此凯氏定氮法是一种很准确的测定蛋白质含量的方法。由于三聚氰胺分子式含氮量为66%，因此添加了三聚氰胺的乳制品，含氮量会明显升高，因此测试的蛋白质含量明显偏高。所以不法分子通过往奶粉中添加三聚氰胺，来"提高"奶粉的蛋白质含量。

二、猜一猜

（1）奶粉中的主要含氮营养物质是什么？

碳水化合物（　　）　脂肪（　　）　维生素（　　）　蛋白质（　　）

（2）三聚氰胺分子结构中有几个氮原子？

3个（　　）　4个（　　）　5个（　　）　6个（　　）

三、做一做

如何快速检测奶粉中的三聚氰胺？

实验原理：三聚氰胺的速测卡表中含有被预先固定于膜上检测带（T）的偶联物和被胶体金标记的抗三聚氰胺单克隆抗体，检测时样品中抗原和标记抗体竞争结合成偶联物。

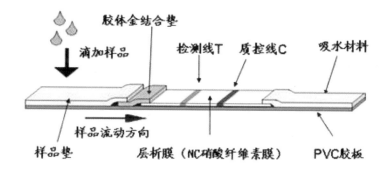

实验材料：奶粉、纯牛奶、蒸馏水、三聚氰胺胶体金试剂盒

实验仪器：分析天平、移液枪

实验步骤：

1. 样品制备

（1）液态奶：量取 5mL 液态奶于试管中，加入 20mL 纯净水，加塞摇匀。

（2）奶粉：称取 1g 奶粉于试管中，加入 20mL 纯净水，加塞摇匀溶解。

2. 样品检测

（1）吸取待测样品 0.1mL（或 4 滴溶液）于加样孔中，开始计时。

（2）3min 后读取结果。

四、想一想

（1）除了牛奶和奶粉还有哪些产品中可能含有三聚氰胺？

（2）常见的食品中还有哪些非法添加物？

第七节 如何辨别真假蜂蜜

一、学一学

1.蜂蜜的成分与营养价值

蜂蜜是指蜜蜂采集的花蜜在蜂巢中经自然发酵后形成的黄白色黏稠液体。蜂蜜是大自然赋予的天然营养品，蜂蜜的营养成分以葡萄糖和果糖为主，两者含量合计约占70%，此外天然蜂蜜中还含有维生素、矿物质和氨基酸等营养成分。

蜂蜜对人体健康大有裨益，主要是具有清热解毒、抗菌消炎、润肠通便、养颜美容、增强免疫力等功效。但是婴幼儿、糖尿病人和肝硬化患者等特殊人群，是不宜食用蜂蜜的。

2.蜂蜜的掺假现象

蜂蜜的好处多多，但是你知道吗？要酿造出1kg蜂蜜，需要蜜蜂去采集200万~520万朵花，而假如蜜蜂采蜜的花丛同蜂房的平均距离为1.5km，来回就要飞上45万km，差不多等于绕地球赤道飞行11圈。正是因为天然蜂蜜来之不易，其成本相对较高，一些不法分子为了牟取暴利，在生产中以最低的成本人工制造出假蜂蜜来欺骗消费者。有的假蜂蜜看起来十分逼真，在市场上贩卖时常常以假乱真。假蜂蜜的生产方式主要有以下几种。

（1）直接用饴糖对水制成。

（2）用果葡糖浆与香精勾兑制成。

（3）用白糖和明矾加水熬制。

由于蜂蜜造假的方式层出不穷，许多假蜂蜜做得越来越接近真蜂蜜，每当一种新的蜂蜜鉴别手段发明之后，不法分子又会想出新的造假方式，这些新的手段和掺杂物具有很大的隐蔽性，常规的鉴别方法往往束手无策。但是魔高一尺，道高一丈，大批的研究人员在努力改进假蜂蜜的检测手段，不断开发出更准确、更灵敏的蜂蜜鉴别技术，有效助力市场监管。

二、猜一猜

（1）下列哪些植物不是蜜源植物？请在相应括号内划√。

椴树（　　）　油菜（　　）　刺槐（　　）　高粱（　　）

（2）下列哪种颜色不是大多数真蜂蜜的颜色？请在相应括号内划√。

浅黄色（　　）　琥珀色（　　）　黑褐色（　　）　水白色（　　）

三、做一做

如何鉴别对水饴糖与纯天然蜂蜜？

天然蜂蜜

饴糖

实验原理：天然蜂蜜中的糖主要是两种单糖，即葡萄糖和果糖，它们易溶于乙醇，而制作假蜂蜜的麦芽糖则微溶于乙醇，因此会析出白色絮状物。

实验材料：蜂蜜、饴糖、95%乙醇

实验步骤：取1mL待测样品，依次加入4mL蒸馏水稀释、混匀，缓慢加入95%乙醇数滴，若出现白色絮状物，则说明有麦芽糖加入。

四、想一想

（1）你都听过哪些蜂产品？

（2）蜂蜜是否有结晶现象，为什么？

第八节　致病微生物的快速检测

一、学一学

1. 什么是致病微生物?

致病微生物又称为病原微生物,是指能使人、动物以及植物产生疾病的微生物,主要包括细菌、病毒、螺旋体、立克次氏体、衣原体、支原体、真菌及放线菌等。微生物的个体非常微小,通常直径小于1mm,肉眼很难直接观测,必须借助显微镜放大很多倍才能观察到。由于微生物具有体形微小、结构简单、繁殖迅速、容易变异及适应环境能力强等特点,致病微生物成为引起人类食源性疾病的主要因素。

2. 食物中常见的致病微生物有哪些?

大肠杆菌是最常见的一种病原微生物,在人和温血动物的肠道内普遍存在,它们在肠道内生活时并不致病,但如果侵入到人体其他某些部位

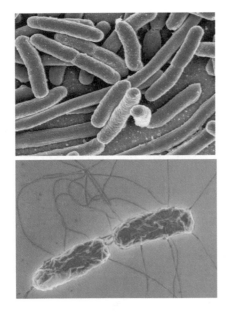

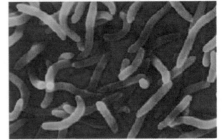

时，则会引起感染。

金黄色葡萄球菌存在于空气、水、灰尘及人和动物的排泄物中，食品受到它污染的机会很多。金黄色葡萄球菌是人类化脓感染中最常见的病原菌。

沙门氏菌也是常见的一种致病微生物，它常常分布在畜禽、鼠类以及被动物粪便污染的水及土壤中。人体感染沙门氏菌的主要中毒表现为腹泻、头痛及四肢乏力。

副溶血性弧菌主要存在于鱼、虾、蟹、贝类等海产品中，人感染副溶血性弧菌后会引起腹痛、呕吐、腹泻等症状。

二、猜一猜

（1）下列哪种微生物在健康的人体内存在？请在相应括号内划√。

大肠杆菌（　　）　金黄色葡萄球菌（　　）　沙门氏菌（　　）　副溶血性弧菌（　　）

（2）下列哪种微生物对人体有益？请在相应括号内划√

李斯特菌（　　）　志贺氏菌（　　）链球菌（　　）　双歧杆菌（　　）

三、做一做

检测食物中是否含有金黄色葡萄球菌

实验原理：使用金黄色葡萄球菌快速检测卡能简单快速的检测食物中是否存在金黄色葡萄球菌，进而判断食物是否被金黄色葡萄球菌污染。

实验材料：金黄色葡萄球菌快速检测卡、20×裂解液、速冻饺子

实验步骤：

（1）用无菌纯化水将20×裂解液稀释20倍。

（2）取25g样品放入含有50mL裂解液的均质杯中，制成均质液，待测。

（3）从铝箔袋中取出金黄色葡萄球菌快速检测卡，在加样孔中加入80μL（2~3滴）待测液，静置15min，判读结果。

实验结果：

（1）阳性：C线显色，T线肉眼可见，无论颜色深浅均判为阳性。说明检测样品中金黄色葡萄球菌的含量不符合 GB12951–2011 要求，属于不合格产品。

（2）阴性：C线显色，T线不显色，判为阴性。说明检测样品中金黄色葡萄球菌的含量符合 GB12951–2011 要求，属于合格产品。

（3）无效：C线不显色，无论T线是否显色均判为无效，需要重新检测。

四、想一想

（1）请列举一些食品杀菌的技术。

（2）在日常生活中我们要如何避免致病菌的感染？

第五章

▮▮▮ 小科学家之路

　　科学是反映自然、社会、思维等的客观规律的分科的知识体系。每个人的一生从出生开始都在不停地探索并积累科学知识。科学家则是从事探索、发现、认识、实践和传播科学知识的专门人才。他们往往精通某一领域的科学知识，取得显著成就，得到人们的认可和尊重。对科学探究感兴趣的少年儿童，立志走科学家之路，是未来科学家队伍的后备力量，常被称为小科学家。这既是荣誉称号，也是对我们的鞭策和鼓励，需要每一个小科学家倍加珍惜和努力。本章带领大家走进科学实验室，教给大家如何成为名副其实的小科学家。

第一节　走进专业食品检测实验室

一、学一学

我们日常生活中食用的食品是否安全呢？市场上买来的蔬菜水果中农药、重金属、微生物是否超标？食品中有没有非法添加剂？如果没有快速检测方法或者需要准确定性定量结果时，怎样去检测食品中的这些有害物质呢？这就需要将样品送到专业的食品检测实验室进行检测。样品到实验室后首先要经过前处理，将其中含有的危害物质提取出来，才能用大型分析仪器进行检测，以获得准确的定性定量结果。

二、看一看

让我们一起走进专业食品检测实验室看一看，重点观察这些仪器设备的功能，分别适合测定哪类危害物质。

1. 样品前处理室

样品前处理室分为无机样品前处理室和有机样品前处理室。样品进入实验室后，首先要对其进行粉碎、匀浆等处理，使样品均一化。测定金属元素的样品加入适宜的酸进行消解，将待测元素提取出来，提取液上光谱分析仪器进行测定；测定农药残留、兽药残留及添加剂等有害物质的样品加入适宜的有机溶剂进行提取，提取液上色谱质谱分析仪器进行测定。

2. 光谱分析实验室

主要用来测定食品中铅、镉、铜、锌、铬、砷、汞、硒等金属元素。原子吸收光谱仪主要用于测定铅、镉、铜、锌等元素；原子荧光光谱仪主要用于测定砷、汞、硒等元素；电感耦合等离子体发射光谱仪主要用于铅、铜、锌、铬等元素的测定；电感耦合等离子体质谱仪可以用于铅、镉、铜、锌、铬、砷等十几种元素的同时测定。

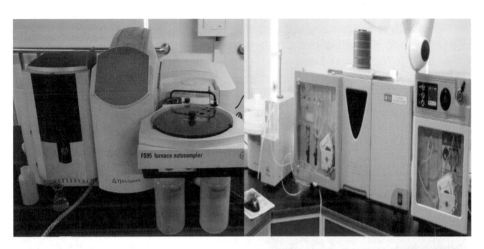

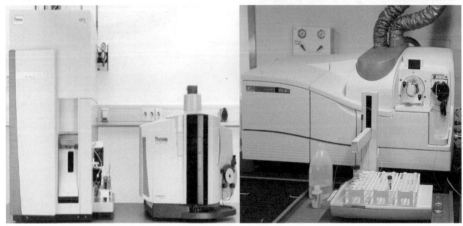

实验室各类仪器

3.色谱质谱实验室

主要用来测定食品中痕量农药残留、兽药残留、添加剂等有害物质。液相色谱、液相色谱质谱联用仪主要用于测定极性小分子、不易挥发性物质；气相色谱、气相色谱质谱联用仪主要用于测定挥发性、半挥发性物质。

4.微生物实验室

主要用于食品中微生物的测定，检验食品中微生物的种类、数量、性质等。检测的指标有菌落总数、大肠菌群和致病菌，微生物实验室配有

超净工作台、二氧化碳培养箱、菌落计数器、均质器、电子天平、显微镜等。

三、想一想

日常生活中哪些食品容易出现质量安全问题，需要送到专业实验室检测？

第二节　走进农产品生产基地

一、学一学

农产品是指在农业活动中获得的植物、动物、微生物及其产品，是人们的食物来源。农产品生产是指人类的种植、养殖等农业活动。从古至今，人类的农业活动经历了以采集和狩猎发展而来的原始农业、以农耕为代表的传统农业和以农业机械化、电气化和自动化为代表的现代农业等3个发展阶段。随着各种先进的科学技术被应用到农业生产中，农业生产技术水平不断提高，农产品产量和种类也越来越丰富。

二、看一看

水果蔬菜从一粒种子到美味可口的食物经历了哪些神奇的过程呢？让我们一起走进农产品生产基地去看一看现代农业的生产过程吧！

1.观摩要点：植物种子育苗过程

植物的生命是从一颗小小的种子开始的！在播种前，种植人员要为种子铺好一张舒适的苗床，苗床里有种子成长所需的养分。经过装盘、点种等步骤后，种植人员会控制温室内适宜的温度和湿度，让种子在苗盘中发

芽长成幼苗。

2.观摩要点：现代化灌溉技术

植物和人一样，也需要经常"喝水"。由于我们的地球水资源十分有限，因此科技人员开发了很多种节水灌溉技术，让植物在生长过程中既能获得充足的水分，又不会造成大量的浪费。常见的节水灌溉技术有喷灌、滴灌、渗灌等。喷灌又称作人工降雨，是利用专门的设备将水喷射到空中分散成细小的水滴的，形成类似下雨效果的一种灌溉方式。滴灌是指利用滴头将压力水以水滴状或连续细流状湿润土壤进行灌溉的方法。渗灌是指利用一种特制的渗灌毛管埋入地表以下 30~40cm，压力水通过渗水毛管管壁的毛细孔以渗流形式湿润周围土壤的灌溉方法。

植物生长过程需要氮、磷、钾以及微量元素等各种各样的养分。植物从土壤中不断地吸收养分，长期下去土壤会越来越贫瘠，因此为了让植物更加健康苗壮地成长，施肥是植物种植过程必不可少的环节。常见的肥料主要有三类：①无机肥料：又叫作化学肥料，是指用化学方法生产的肥料，如尿素、过磷酸钙、硝酸钾等；②有机肥料：是指农村利用各种来源于动植物残体或人畜排泄物等有机物料，就地积制或直接耕埋施用的一类自然肥料，习惯上也称作农家肥料；③生物肥料：以有机溶液或草木灰等有机物为载体接种有益微生物而形成的一类肥料。

3.观摩要点：病虫害防治技术

植物生长过程中也会像动物一样被疾病和虫子困扰，因此要让种植的作物能健康成长，并且叶片和果实不被害虫吃掉，就需要采取一定的手段，主要包括以下手段来防治病虫害：

（1）生态防治：生态防治实际上是一种预防手段，很多病菌都在蔬菜残枝上散落田间，进入土壤中，成为下茬蔬菜的污染源。因此在每茬蔬菜收获后，彻底清除残枝落叶，对易感根系的病害还要清除残根，保持棚内清洁。另外要调节好温室内的湿度、光照条件、空气流通性等抑制病虫害的发生；

（2）物理防治：主要是指进行高温焖棚来杀死病虫害，以及利用昆虫的趋光性、趋黄性，在棚内摆放杀虫灯、粘虫板、黄水盆等来诱杀害虫；

（3）化学防治：简单说利用化学农药进行病虫害防治，所使用的农药必须经过农业农村部农药检定所登记，严禁使用未取得登记和没有生产许可证农药，以及无厂名、无药名、无说明的伪劣农药，并注意蔬菜上市前农药的使用安全间隔时间；

（4）生物防治：是指利用害虫天敌以及生物农药来杀灭害虫。

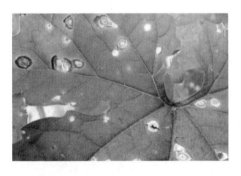 

农产品种出来原来要经历这么多步骤，包含了很多人的辛勤劳动，所以每个人都应该珍惜食物，不要浪费。

二、想一想

（1）农产品基地里有哪些高科技的设施？

（2）普通蔬菜和有机蔬菜的区别是什么？

第三节　走进食品加工厂

一、学一学

我们的生活既离不开农业，也离不开工业。除了新鲜的水果、蔬菜等农产品之外，大家在生活中还能够吃到各种各样的美味食品，这要归功于食品加工业。早在数千年前，我们的祖先就不断探索各种食品加工方法，如将牛奶发酵成酸奶、将大豆做成豆腐、将面粉蒸成馒头等。传统的食品加工技术通常包括发酵、烘焙、挤压、膨化、压榨、干制、烟熏、腌制等。随着现代科学技术的快速发展，人们还发明了许多食品加工高新技术手段，如食品超微粉碎技术、食品微胶囊技术、食品超临界萃取技术、食品超高压技术、食品微波技术、食品冷冻加工技术等。这些高新技术手段已进入商业化应用，使我们的餐桌变得更加丰富！

二、看一看

我们的一日三餐都离不开食用油。食用油不仅可以提高菜肴的色香味品质，而且与人体健康息息相关，它提供人类部分所需的热量以及人体自身无法合成的必需脂肪酸。食用油基本分为动物油和植物油两大类，不过动物油含胆固醇高，吃多了容易动脉硬化，因此这里提及的食用油是指植物油脂。那么市场上各式各样的食用植物油都是如何制成的呢？简单地概括就是，选择油料，制成毛油，最后精炼成成品油。

下面我们分别走进油脂加工厂，来看看食用油是怎么生产出来的吧。

1. 观摩要点：油料制油过程

我国主要的植物油料有草本油料和木本油料两种。草本油料有大豆、花生、棉籽、油菜籽、芝麻、葵花籽等；木本油料则有油茶籽、椰子、核桃、油橄榄、油桐等。油料的预处理包括油料的清理、脱绒、剥壳、干燥、破碎、软化、轧胚和蒸炒等工序。经过预处理的料坯大多数属于凝聚态油脂，这些油脂存在于油料植物细胞的凝胶束孔道中，可以通过外力将其挤压出来，或者通过溶剂将其浸提出来。压榨法是用物理压榨方式，从油料中榨油的方法，它源于传统作坊的制油方法。浸出法是用化工原理，用食用级溶剂从油料中抽提出油脂的一种方法。

油脂压榨机（左）　　　　　　　　　　　油脂浸出器（右）

2.观摩要点：油脂精炼工艺

不管是压榨法还是浸出法制取的油脂，都还不能吃，它被称作毛油。毛油中含有种种杂质，包括原料中的以及榨取或浸出过程中产生的。有些

油脂精炼生产线

杂质对人体极为有害（如棉籽油中的棉酚）。毛油经过进一步加工（即精炼），去除杂质，成为可以食用的成品油。从毛油到成品油的加工过程，一般包括脱胶、中和、脱色、蒸馏脱臭，经过这一系列工序之后才能使之符合国家标准，成为可食用的成品油。

3.观摩要点：油脂灌装

灌装是油脂生产的最后一步，这道工序是通过灌装生产线来完成的。成型的空桶首先被输送至检验机检验，符合清洁标准后才能被送至灌装机和封盖机。清毒完毕后，桶会被输送到灌装机的送料机构处，此时会有送料机构把食用油灌装到空桶之中，并利用电脑自动跟踪油品温度与密度变化随时调整输油量，使输油质量减少随温度和密度的变化而产生误差，高灌装完毕后会把桶输送到旋盖机处进行压盖。装好食用油的桶经封盖机加盖封住并输送到贴标机处，贴好标签后送至装箱机装入箱中，最后送到堆托盘机处堆放在托盘上并送入仓库。

油脂灌装生产线

三、想一想

（1）为什么需要对油脂进行精炼处理？

（2）请列举一种你经常吃的一种食品，并简要说明其加工过程。

第四节　科技小论文写作

一、学一学

1.什么是科技小论文

科技小论文是指青少年学生在参加科技活动过程中，通过探索和研究取得一定的成果后，以文字的形式表述研究成果的作品。科技小论文讲究创新性、科学性和实用性。

2.科技小论文的类型

科技小论文根据研究的形式分为科技调查小论文和科技实验小论文。所谓调查研究，是指利用实地考察、问卷调查和访谈调查等方式，对自然、社会和人类有关问题进行的探究。所谓实验研究，是指在人为控制或模拟自然事物和现象的条件下，通过仪器或其他物质手段，对研究对象进行探究。

3.写好科技小论文的前提

科学研究是一个提出问题、作出假设、实验验证和得出结论的过程，因此科技小论文也是围绕这几个方面来撰写，要写出一篇优秀的科技小论文，首先要选好题目。选题切忌空泛不切实际，但也不要定得太小，好像回答一道练习题，这样就缺乏研究的价值。一般是根据自己所学的知识和兴趣爱好，结合生产生活实际，发现具有科学意义的问题，并将问题转化研究课题。

对于调查小论文的选题，可以针对社会关注的热门问题，如《关于北京市垃圾的分类处理调查研究》；对于实验小论文的选题，要突出研究内容或技术的创新性，如《核桃仁提取物对大鼠学习记忆能力的影响研究》。

4. 科技小论文的规范格式

标题：要求直接、具体、醒目、简明、新颖、吸引读者；一般以不超过 20 个字为宜，对于实在无法缩短的题目，可采用加副标题的方法；题目中尽量不用标点符号。

署名：即列出作者及所在学校（单位），署名是对著作权拥有的声明，并表示文责自负的承诺，且便于读者同作者联系。多个作者共同署名时，应按贡献大小排序。

摘要：是对论文内容不加解释和评论的简短陈述，要求简洁、概括；

关键词：是将论文中起关键作用、最能说明问题、代表论文内容特征或最有意义的词选出来（3~5 个）；

正文：正文是核心内容，一般由研究目的意义、研究（或观察、调查）方法、研究结果、分析讨论、建议或对策、收获体会几部分组成；

致谢：对除作者以外对本项研究给予帮助和支持的个人或单位表示感谢。

参考文献：列出正文中引述的他人文献。

二、记一记

优秀科技小论文的特点

选题新颖，立题依据充分；

研究过程完整，数据资料翔实；

研究方法科学，进程安排合理；

成果展示清晰，具有科学性。

科技小论文常见的问题

写成了科普文章或作文；

论文标题不确切；

论文格式混乱；

科学方法错误；

参考文献缺少。

三、想一想

（1）科技小论文有哪三大要素？

（2）请根据生活中与食品有关的问题，选定合适题材，撰写一篇科技论文。

第五节　科技答辩与报告
（含 PPT 制作技巧）

一、学一学

1. 科技答辩

科技答辩是一种重要的有组织、有准备、有计划审查研究课题的活动。在答辩会上，答辩者需要列举充分的证据来证明自己的假说或者观点是正确的，同时还需要回答答辩专家的各种问题。

（1）科技答辩应突出的核心内容

1）研究课题的创新性：在理论认识或方法技术方面。

2）研究课题的适用性：解决了研究对象存在的关键性技术问题。

3）研究课题的前景：应用价值。

（2）科技答辩前准备：

1）心理的准备

要自信，消除紧张情绪，保持较好的心理状态。

2）材料的准备

① 对自己的研究内容、研究材料有充分的理解，整理好与答辩相关的图表类材料。② 列答辩提纲：

为什么将这个课题作为自己的研究对象？

研究这个课题有什么意义？研究目的是什么？

研究的内容主要有哪些？

研究方案是什么？如何完成研究内容中设计的细节性问题？

3）答辩内容：

答：

科技答辩时汇报的主要内容包括团队成员介绍、立题依据、研究内容、研究方案、项目的创新点、项目研究的预期成果。重点围绕课题的新假说、新成果或新突破来阐述。

辩：

认真听取老师提出的问题，认真思考、准确回答问题。应论点明确，论据充分，有条理、有层次地将自己对研究内容的理解阐述出来。口齿清晰、语速合适。

2. 科技报告

科技报告是以积累、传播和交流为目的，由科研人员按照有关规定和格式撰写的，能完整而真实地反映其所从事科研活动的研究成果或工作进展情况的书面报告，反映了研究工作的经过，是实验或考察结果的如实记录，不是对结果进行分析论证，因此，它具有内容广泛、翔实、具体、完整，技术含量高等特点，做好科技报告工作可以提高科研工作起点，大量减少重复劳动。

（1）科技报告的内容。研究的题目、基本情况、基本经验、存在的问题、对今后工作的设想。

（2）科技报告的分类。科技实验报告、科技考察报告、科技研究报告和科技总结报告等。

3. PPT 的制作

PPT 是 PowerPoint 的简称，无论是科技答辩还是科技报告，PPT 都是一种重要的展现方式。PPT 通过添加图片、动画、颜色等效果给演示文稿带来更多的视觉冲击。

（1）制作 PPT 要点：

1）逻辑性——根据所要表达的内容，组织逻辑关系，将内容有层次地展现出来。

2）布局性——将 PPT 的内容分类进行表达。

3）简洁性——PPT 是表达内容的一个辅助载体，需要设计好合适的颜色、文字，切忌文字的满屏堆砌、各种颜色的填充。

二、看一看

PPT 的基本制作步骤

1）打开 Microsoft PowerPoint 软件，文件 – 新建 – 空白演示文稿。

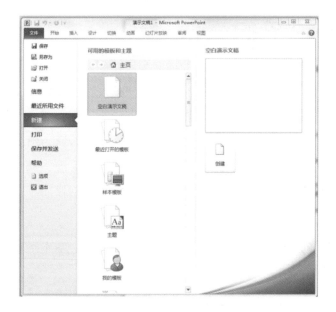

2）熟悉菜单选项中常用命令插入、设计、切换、动画、幻灯片放映等功能选项。

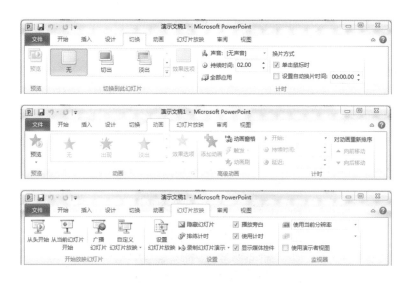

3）打开幻灯片后，可以在"单击此处添加"XX"这些文本框中添加标题及正文内容。

4）选择"插入"按钮，可以插入图片等内容。

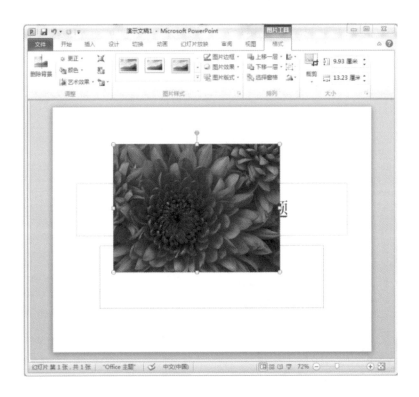

5）选中幻灯片中的文字或图片，点击"动画"选项，可以进行动画效果设置。

三、想一想

将同学们分成2~3个小组，可选择以"身边常见食品的营养探究"、"食品添加剂危害的研究"等为主题设计并制作一个幻灯片进行展示。

第六节　青少年创新大赛知多少

一、学一学

我国青少年科技创新大赛开始于 1982 年，已成功举办 29 届。这是一项展示青少年科技创新成果和科学探究项目的综合性科技竞赛。目前，"全国青少年科技创新大赛"是我国中、小学各类科技活动优秀成果集中展示的一种形式，具有示范性和导向性、已成为我国国内面向学校中小学生开展的规模最大、层次最高的青少年科技教育活动。每年有近 1 500 万名青少年参加不同层次的活动，经过选拔挑选出 500 名左右的青少年科技爱好者相聚一起进行竞赛、展示和交流活动，成为展示青少年科技活动的最新成果、展现青少年风采的一次盛会。旨在培养青少年的创新精神和实践能力，提高青少年的科技素质和鼓励优秀人才的涌现。青少年发明、创造的兴趣得到激发，在交流中学会展示自己的研究成果，深入分析在竞赛中的得失，培养不断探索、创新的精神。培养富有创新能力的青少年，这是我国赢得当前乃至今后相当长的时间内国际竞争主动权的战略需要，也是缩小与世界发达国家人才质量和数量差距的迫切要求。

科技创新是指一切将知识、原理、技能等运用于生产、生活中，从而获得新知识、新方法、创造新事物的过程及结果。它不是重复别人已经进行过的研究，也不是完全摒弃前人的研究成果凭空创新，是在前人研究的

基础上、借鉴前人的研究成果来创新。

目前，科技创新大赛分为三类，有少年儿童科学幻想绘画、科技创新成果竞赛、青少年科技实践活动。科学幻想绘画指同学们通过对未来科学发展的畅想和展望，利用绘画形式表现书未来人类生产、生活的情景。科技创新成果竞赛是创新大赛活动的主题内容，主要形式有：发明创造及工程设计类作品、科学研究论文等。青少年科技实践活动是青少年以小组、班级或者学校等组织名义，围绕某一主题在课外活动或者社会实践活动中开展具有一定教育目的和科普意义的综合性、群体性科技实践活动。研究领域涉及物质科学、生命科学、地球与空间科学、技术与设计、行为与社会科学等。

在选题时要遵循自己选题、自己设计、自己制作的原则，可以从日常生活中、学习活动中、社会中发现课题，选题应具有科学性、先进性、实用性。在申报前做好充分的准备工作，明确学科方向、做好参赛文件、精心制作展板，比赛时冷静沉着，保持思路清晰。

二、看一看

案例 1：

"莫把零食当主食"是一篇关于小学生吃零食的调查报告，参赛选手针对目前小学生吃零食的普遍现象进行了调查，从现状、危害、原因、矫正办法等方面阐述和分析了小学生吃零食的情况和对策。下面是对现状的调查情况：

小学生吃零食的现象很普遍，走进一些学校，就会发现校门前的地面上有学生扔的零食包装袋，尤其是风大的时候更是刮得到处飞舞，校园里，随处可见拿零食吃的学生。课堂上，很多学生趁着老师转身的机会拿出吃的来吃。放学时，卖零食的小店被学生挤得满满的。有一些小学生一天不吃零食就不舒服。据调查表明，我班 60 名学生里 98.63% 都吃零食，其中每天吃零食的占 70.06%，经常吃零食的 25.84%，偶尔吃零食的占

65.73%。仅有 3.37% 的小学生从来不吃零食。

参赛选手从自己熟悉的身边生活中选择的该题目，贴近生活，选题具有一定的现实意义。上述对现状的调查中存在一些问题，请同学们指出存在的问题并进行评论，发表自己的观点，并设想自己如何撰写此类型的调查报告。

案例 2：

对于"西瓜注射甜蜜素、色素"说法真伪的鉴别，参赛者对网上关于西瓜注射甜蜜素和色素的说法展开了探究。

（1）问题的提出：最近，网络上盛传"西瓜不能吃，会打甜蜜素、色素"的传言，我想通过实验验证这种传言的真伪。我选择 2kg 左右的西瓜作为实验材料。

（2）实验步骤：① 配制不同浓度甜蜜素和色素的稀释液；② 离体浸泡西瓜；③对西瓜直接注射不同量的色素、甜蜜素，放置不同时间，观察实验现象。

（3）实验结果：① 离体浸泡结果分析　无论是浸泡一小时还是一天，不同体积的西瓜块都只是表面部分被染色，品尝后也只有外面有不正常的甜味，里面没有任何变化。长时间的浸泡使得果肉变软，食用口感不佳；②直接注射结果分析　注射时发现，溶液的浓度越高，越难注射入西瓜内，注射后色素也不能化开。品尝后发现，只有很少一部分变甜，但这部位明显变软，口感不佳。西瓜放置 1d、2d、4d 和 5d 后切开，与放置一小时的结果相比并无明显差异。部分西瓜的注射处瓜皮下凹，放置 4~5d 就会腐烂发霉。

（4）结果与讨论：通过以上实验，我发现"西瓜不能吃，会打甜蜜素、色素"的说法不可信。往西瓜内注射这二种试剂，会造成西瓜组织坏死，不易保存，注射后的效果也不好，甜味和色素都不能均匀分布，很容易被人发现。

参赛选手针对网络上关于西瓜打甜蜜素的谣言，精心设计实验方案，来验证其是否可信，其研究思路和方法具有一定的借鉴意义。但是从实验报告撰写的提纲存在一点问题，请同学们指出，学会正确的实验报告撰写方法。

三、想一想

如何撰写青少年科技创新论文？

参考文献

程环，李咏雪，等 . 2016. 常用医学仪器设备质量控制检测技术［M］，北京：中国质检出版社 中国标准出版社，2-3.

崔贵友 .2015. 科技论文写作与论文答辩［M］.北京：中国轻工业出版社，33-50.

王彩霞 .2016. 食品营养与检测学［M］，北京：中国商业出版社，7，241.

中国营养学会 . 2016. 食物与健康－科学证据共识［M］，北京：人民卫生出版社，197-211.